Volkmar Stangier
Anke Jost

Strategisches Kundenmanagement

Volkmar Stangier
Anke Jost

Strategisches Kundenmanagement

Praxistraining

UVK Verlag · München

Bibliografische Information der Deutschen Bibliothek
Die Deutsche Bibliothek verzeichnet diese Publikation in der Deutschen Nationalbibliografie; detaillierte bibliografische Daten sind im Internet über <http://dnb.ddb.de> abrufbar.

ISBN 978-3-7398-3001-8 (Print)
ISBN 978-3-7398-0001-3 (EPUB)
ISBN 978-3-7398-8001-3 (EPDF)

Einbandgestaltung: Susanne Fuellhaas, Konstanz
Einbandmotiv: iStockphoto – Sherrodphoto
Printed in Germany

UVK Verlag
Nymphenburger Straße 48 · 80335 München
Tel. 089/452174-65
www.uvk.de

Narr Francke Attempto Verlag GmbH & Co. KG
Dischingerweg 5 · 72070 Tübingen
Tel. 07071/9797-0
www.narr.de

Vorwort

Beziehungsmanagement, Basis für Kundenmanagement, hat eine veränderte Dimension angenommen. Es bedarf der Umsetzung von Markterwartungen in Kundenlösungen, um über Innovationen die Geschäftspartner erfolgreicher zu machen. Hinzu kommt die Aufgabe, gesellschaftspolitisch aktiv zu sein. Die durchgreifende Wirkung des Themas Social Responsibility an den Hochschulen und in der Wirtschaft verlangt vom verantwortlichen Management und den Mitarbeitern ein Umdenken. Corporate Social Responsibility, abgekürzt CSR, ist verantwortliches, unternehmerisches Handeln gegenüber den Geschäftspartnern und der Gesellschaft.

Die eher eng angesetzten Ziele, möglichst hohe ergebnisorientierte Umsätze mit den Partnern zu erwirtschaften, genügen zukunftsorientiert nicht. Erfolgreich werden die Unternehmen sein, die national und international den Gedanken von Corporate Social Responsibility leben. Trotzdem kann CSR nur ein kultureller Anteil einer erfolgsorientierten Verkaufsstrategie sein. Insgesamt ist es eine Unternehmensphilosophie, die im gesamten Unternehmen einen ganzheitlichen marktorientierten Ansatz spiegelt.

Somit ist jedes Unternehmen ein Teil der globalisierten Gesellschaft. Bei international aktiven Konzernen erstreckt sich die soziale Verantwortung auf alle tangierten Länder. Soziales Verhalten bedeutet mehr, als nur verantwortlich zu sein für das eigene Auftreten gegenüber Kunden und Verbrauchern. Erfasst werden unter anderem die Menschenrechte, Arbeitsnormen, Umweltschutz und Korruptionsprävention. Immer mehr Unternehmen bilden Interessengemeinschaften, so z. B. der Global Compact. Er umfasst ca. 1.500 Firmen aus 150 Ländern, die ein gesellschaftspolitisches Engagement in internationalen Verantwortungsbereichen übernommen haben. Global Compact fordert auf, Grundwerte nicht nur als Leitgedanken zu fixieren, sondern sie auch bewusst zu leben. Wenn ein Unternehmen diese Werte auf allen Ebenen als

Basis manifestiert, entsteht eine Verantwortung gegenüber allen Partnern, die zu Gemeinsamkeiten führt und außergewöhnliche Erfolge ermöglicht. Diese Unternehmensphilosophie umfasst das Verhältnis zu Kunden, Lieferanten, Mitarbeitern und Führungskräften.

Mit dem Kunden als Partner eins zu werden bedeutet, sich für seine Erwartungen, Bedürfnisse und seine kurz- bis langfristigen Ziele zu interessieren. Wenn die Verantwortlichen in einem Unternehmen diesen Bedürfnissen gerecht werden, spüren alle Partner, wie wichtig sie sind. Es wird bei ihnen das Verlangen ausgelöst, mit diesem Unternehmen zusammenzuarbeiten.

Diese idealisierte Betrachtung aller Geschäftsbeziehungen darf das Unternehmen nicht abhalten, seine Umsatz-, Absatz- und erlösorientierten Ziele konsequent zu verfolgen und zu realisieren. Jedoch soll die Umsetzung, vor allem die ausgeübte Kommunikation, eine Beziehungsqualität aufweisen, die verbindet und den Willen auslöst, sich gegenseitig erfolgreich zu machen. Darin eingebunden ist das Bestreben Umsätze zu steigern, Erträge zu verbessern und der Erfolg des Unternehmens aber auch die Geschäftspartner zu einer positiven Geschäftsentwicklung zu führen.

Vertrieb ist eine ganzheitliche, unternehmenspolitische Aktivität. Das Unternehmen stellt sein Auftreten permanent in Frage. Vom Management aber auch von den Mitarbeitern werden außergewöhnliche Ideen umgesetzt. Es gilt, die Kernkompetenzen zu stärken und zu erweitern. Performance Management, Change-Management und Entscheidungsfreudigkeit werden von allen Beteiligten als dynamische Prozesse konsequent gelebt.

Die Kunden zu Siegern coachen gelingt, wenn das eigene Erfolgsstreben mit den Zielen der Geschäftspartner verschmilzt. Die erkennbaren Erfolge sind Multiplikatoren für die zukünftige Zusammenarbeit und den gemeinsam angestrebten Projekten. Unterstützende Kräfte sind die realisierten Erfolge. Eine gegenseitige Begeisterung wird gezeigt und eine Werte schaffende Partnerschaft gebildet. Somit produziert der Lieferant Marktbedürfnisse in Kundenlösungen. Der Kunde entwickelt eine positive Wahrnehmung und das Bedürfnis mit diesem Lieferanten eine nachhaltige Geschäftsbeziehung einzugehen.

Die Sensibilität der Kunden ist heute so hoch, dass sie sofort spüren, ob eine partnerschaftliche Beziehung angestrebt wird oder ausschließlich das eigene Verkaufsergebnis im Vordergrund steht. Mit dem Bestreben die Entwicklung des Kunden positiv zu beeinflussen, werden automatisch alle eigenen Ressourcen und Kompetenzen in eine Lösungsstrategie eingebracht. Auch ist es wichtig, jedes Gespräch methodisch so zu führen, dass tiefgreifende Informationen ausgetauscht und zur Basis der Beratung werden. Die Geschäftspartner zu überzeugen, verlangt ein geistig-emotionales von Energie getragenes Auftreten. So entsteht sowohl auf der Sachebene als auch auf der emotionalen Ebene eine auf Fortschritt ausgerichtete Gesprächsführung. Dabei sind drei Leistungsebenen zu unterscheiden, die gezielt eine Bedarfsanalyse basierend auf der Zielstellung des Kunden bilden:

1. Muss-Leistungen sind terminiert, qualifiziert und messbar.
2. Soll-Leistungen sind die Informationspolitik zum Kunden.
3. Kann-Leistungen sind ein freiwillig gelebtes soziales Verhalten.

Werden diese Leistungen nachhaltig gelebt, hat der Kunde ein geringes Bedürfnis, sich nach einem anderen Partner zu orientieren. Professionalität ist erreicht. Diese Leistungsparameter sind die Basis für Wachstum und Erfolg. Der Kunde hat wenig Interesse, seinen Bedarf ausschließlich an die Preispolitik seines Lieferanten zu binden. Umsatz- und ergebnisorientierte Unternehmen entwickeln ein Change-Management, das darauf abzielt, für Kunden ein wertsteigernder Partner zu sein. Im Vergleich zu Wettbewerbern beweist der Lieferant eine Kreativität, die im Umgang mit dem Kunden einen Vorsprung bedeutet.

> *Deutschland ist eine Wissens- und Informationsgesellschaft. Aufgrund der nur begrenzt vorhandenen Rohstoffvorkommen wird der Mensch zur Ressource. Das verlangt von den Unternehmen eine intelligente Marktpolitik.*

Die Intelligenz, die Erfahrung und die willentlich gelenkte Fähigkeit zu Innovationen sind der eigentliche „Rohstoff" dieser Nation. In Verbindung aller aktiven Menschen birgt er unendlich viel Potenzial. Es sind immaterielle Werte, die, wenn sie der Gesellschaft bewusst werden, eine große Zukunft offenbart.

Unternehmen, die diese Gesetzmäßigkeiten der immateriellen Werte leben, führen ihr Personal in einen permanenten Weiterbildungsprozess. Dabei wird die Fähigkeit geschult, den nationalen und internationalen Markt zu kennen und im Sinne der Unternehmensstrategie zu bearbeiten. Mitarbeiter, die unternehmerisch denken und handeln, sind die Voraussetzung für ein angestrebtes außergewöhnliches Wachstum.

Dieses Buch gibt Ihnen die Möglichkeit, Ihr Wissen und Können zu überprüfen. Sie werden Anregungen finden, die geeignet sind, neue, bisher nicht gegangene Wege zu betreten. Ein wesentlicher Punkt dabei ist, mit welcher Geisteshaltung die Mitarbeiter auftreten und wie ausgeprägt ihr Selbstbewusstsein ist. In diesem Auftreten ist das Bewusstsein für CSR verbunden mit den angestrebten unternehmerischen Erfolgen. Employer Branding erfährt eine immer größere Bedeutung. Machen Sie Ihre Mitarbeiter zu Botschaftern Ihrer Leistungsmarken.

Vermeiden Sie, in Schwächen und Mangel zu denken. Trennen Sie sich von negativen Gewohnheiten. Lernen Sie, sich weiterzubilden und Ziele zu realisieren. Die Geschäftspartner zu Siegern zu machen, verlangt innere Größe, Selbstbewusstsein, Lust und Freude an den kleinsten Erfolgen. Die Ressourcen und Kompetenzen dazu hat jeder, wichtig ist jedoch, dass die Verantwortlichen, die auch die Entscheider sind, willentlich die Ressourcen und Kompetenzen zielgerichtet umsetzen.

Lampertheim, August 2018, Volkmar Stangier

Inhaltsübersicht

Inhaltsverzeichnis

Einleitung

Strategisches Kundenmanagement ist ein Konzept, das organisatorische, funktionale und verkaufsstrategische Aspekte umfasst. Es ist eine nachhaltige Herausforderung, neue Märkte zu erschließen und ein permanentes Wachstum anzustreben. Die Grundlagen zum Wachstum sind alle Forschungs- und Entwicklungskompetenzen, die bewusst eingesetzt werden und dem Unternehmen zu einem innovativen Auftritt helfen. Nur das Wissen, welches die Mitarbeiter bereit sind in Handlungen umzusetzen, wird formen, gestalten und verändern.

Auch gilt es, die operative Exzellenz durchzusetzen. OPEX ist eine Führungsphilosophie, die danach strebt Kundenorientierung, Qualität und Effizienz in allen Bereichen zu verwirklichen. Voraussetzung sind Optimierungsmethoden, wie Lean Management, Six Sigma bzw. Business Process Reengineering. Die nationalen und internationalen Marktkenntnisse und die vorhandenen Kundenbeziehungen gilt es noch enger zu vernetzen. Diese zielorientierte Strategie entspricht einem modernen Beziehungsmarketing.

> *Es wird ein Dialog gelebt, der auf Ehrlichkeit, Respekt und gegenseitigem Vertrauen beruht.*

Hierin eingebettet sind Analysen, Planung, Kontrolle und alle organisatorischen Prozesse als marktorientiertes Projektmanagement. Ein wichtiger Punkt ist der Aufbau individueller Kundenbeziehungen mit dem Ziel, langfristige Kooperationen zu sichern. Das Thema Corporate Social Responsibility, CSR, kann, wenn es gelebt wird, die Ziele eines Unternehmens erfolgreich unterstützen. CSR sollte als Teil der Unternehmenskultur praxisnah gelebt werden. Auf allen Ebenen und in alle Richtungen werden Dialoge geführt, die auf gegenseitigem

Vertrauen beruhen. Wenn wir aus dieser Perspektive ein Unternehmen mit einem „aktiven Bürger“ vergleichen, spüren wir die Verbundenheit mit der Gesellschaft.

Am Markt orientiertes erfolgreiches Beziehungsmanagement ist von Energie und Beratungskompetenz getragen. Es ist das Bestreben, den Geschäftspartner bei der Umsetzung seiner eigenen Strategie erfolgsorientiert zu unterstützen. Eins werden mit den Bedürfnissen der Kunden wird dann für die Partner zum Win-Win-Prinzip.

Eine Unternehmensstrategie hat in ihrer Grundsatzaussage nur ein Ziel: Anspruch. Das wiederum verlangt, dass alle Ressourcen und Energien, die dem Unternehmen zur Verfügung stehen, zum Markt hin ausgerichtet sind. Eine dynamische interaktive Kommunikation hat im Beziehungsmanagement eine besondere Funktion. In diesem marktorientierten Prozess übernimmt das Vertriebsmanagement eine wichtige Rolle und hat einen entscheidenden Einfluss auf das Image des Unternehmens.

Ein entscheidendes Element im modernen Kundenmanagement ist das willentlich herbeigeführte Change-Management. Die Veränderungen in einem Unternehmen können zwei sehr unterschiedliche Qualitäten aufweisen: Wir kennen in positiver Hinsicht das willentlich herbeigeführte Change-Management, das für das Unternehmen Vorsprung bedeutet. Die zweite Form ist ein Veränderungsmanagement, das einem Unternehmen vom Markt aufgezwungen wird. Das Anforderungsprofil an die verantwortlichen Entscheider ist hoch. Von ihnen wird verlangt, Verbesserungen auf allen Ebenen bewusst herbeizuführen.

> *Unternehmen, die vom Markt getrieben werden, sind schwerfällig, praktizieren ein Mangelmanagement und sind wenig erfolgreich!*

Vorsprung durch Veränderung muss die Devise sein! Hierin eingebettet ist das Wissen über die eigene Marktposition sowie alle gelebten Aktivitäten der Wettbewerber. Benchmarking ist ein Analysenmanagement, das hilft, richtige Entscheidungen zu treffen. Es muss das Ziel sein, sich als Sieger im Markt zu etablieren. Ein konsequentes Handeln wird verlangt. Jegliche Form von Unentschlossenheit bedeutet, mit weniger Energie und Durchsetzungskraft aufzutreten. Dies wird einen erheblichen Einfluss auf den kurz- bis mittelfristigen Erfolg haben. Es gibt genügend Beispiele, die belegen, dass gelebte Durchsetzungskraft und Entscheidungsfreude eine lange und positive Nachhaltigkeit bewirken.

Dieses Buch ist so konzipiert, dass Sie mit dem Durcharbeiten der Themen bewusst die eigene Situation erkennen und Sie zu sinnvollen und wichtigen Veränderungsprozessen hingeführt werden.

1 Kundenmanagement

Eine ergebnisorientierte Produktivität und ein erfolgreiches Verkaufen der erbrachten Leistungen reichen nicht aus, um im Markt erfolgreich zu agieren und Kunden langfristig zu binden. Jedes Produktprogramm verlangt kontinuierliche Verbesserungen und Innovationen. Auch dann, wenn ein Unternehmen aufgrund von Neuentwicklung innovativ erscheint, ist die verkäuferische Leistung durch lösungsorientiert beratende Funktion wichtig. Ein ganzheitlich aufgebautes Beziehungsmanagement sollte zum Selbstverständnis werden. Viele Unternehmen leben noch in überholten Ansichten und versäumen es, ihr Unternehmen zum Kunden hin auszurichten. Ein marktorientiertes Verhalten wird heute generell von jeder Mitarbeiterin und jedem Mitarbeiter erwartet und wird vom Management gefördert.

Lange Zeit wurde das Verkaufsmanagement mit dem zusätzlichen Angebot technischer Kundendienstleistungen als genügend angesehen. Der Anspruch ist jedoch deutlich gestiegen. Wir sprechen von einer Verkaufs- und Beratungsqualität, welche wertsteigernd für den Kunden ist. Es sind innovative Verkaufslösungen der Partner, die entscheidenden Einfluss auf die Kundenbindung haben.

Der Kunde erwartet eine umfassende Verkaufsleistung auf hohem Niveau. Werden diese Erwartungen lediglich teilweise erfüllt, wird er trotzdem die Geschäftsbeziehung aufrecht halten, wenn die Qualität stimmt. Er wird sich jedoch sofort abwenden, wenn er einen Wettbewerber mit vergleichbarem Produkt findet, und dieser zusätzliche Servicequalitäten bietet, die den Bedürfnissen des Kunden genau entsprechen.

Verkaufen als komplexes Auftreten eines Unternehmens ist ein wichtiger Prozess der Kundenbindung. Jeder, der mit dem Thema Verkauf konfrontiert ist, sollte sich darüber im Klaren sein: Verkaufsleistungen können im Allgemeinen nicht „gelagert“ werden. Sie sind ein dynamischer Prozess, den es gilt, auf höchstem Niveau nachhaltig zu etablieren und zu leben.

Wir unterscheiden drei Qualitäten von Verkaufsleistungen

Muss-Verkaufsleistungen

Muss-Leistungen sind ausschließlich auf der physischen Basis aufgebaute organisatorische Prozesse. Hierzu zählen alle Verkaufsleistungen des Anbieters, die aus Sicht des Geschäftspartners unabdingbar erbracht werden müssen, z. B. alle Abwicklungsmodalitäten. Auch können die Leistungen zur Kategorie der Muss-Verkaufsleistungen zählen, die von Mitanbietern als Standardleistung erbracht werden. In diesem Fall setzt der Kunde voraus, dass er von seinem derzeitigen Lieferanten nicht benachteiligt wird. Werden diese Muss-Verkaufsleistungen von einem Lieferanten nur unzureichend erbracht, wird der Lieferant über kurz oder lang ausgetauscht.

Beispiele

- Die Angebote sind klar, eindeutig, übersichtlich und spiegeln die Politik des Unternehmens wider.
- Eine Auftragsbestätigung muss einfach und gut überschaubar aufgebaut sein. Außerdem muss sie die abgesprochenen Fakten wie z. B. Preis, Liefertermin, Menge und die logistischen Bedingungen enthalten.
- Der Auftrag lässt sich über eine Auftragsnummer auf dem Produktionsweg des Lieferanten verfolgen.
- Kurzfristige Lieferung von Ersatzteilen, Minutiöse Bearbeitung von Reklamationen, Qualität, Produkt, Verpackung.

Ein absolutes Muss ist die Bearbeitung einer Reklamation.

Auch ein zorniger Kunde ist sich bewusst, dass eine Reklamation ein ganz natürlicher Prozess im Bereich von Geschäftsbeziehungen ist. Eine Reklamation wird erst dann zum Konflikt, wenn der Geschäftspartner spürt, dass seine Beanstandung nicht lösungsorientiert und schnell behandelt wird. Wenn der Partner erfahrungsgemäß weiß, dass der Lieferant ein faires und schnelles Reklamationsmanagement praktiziert, wird über die Situation sachlich und emotionslos gesprochen und schnellstmögliche Abhilfe geschaffen. Ein solches Lieferantenauftreten ist professionell und wird eine Kundenbindung stärken.

Eine Reklamation ist die Chance, über eine sofortige Lösungsstrategie auf der geistigen wie auf der emotionalen Ebene tiefe und wertvolle Verbindungen einzugehen!

Soll-Verkaufsleistungen

Wenn aus einer ursprünglichen Soll-Verkaufsleistung über einen längeren Beziehungszeitraum zwangsweise ein Muss-Verkaufsleistung wird, kann hieraus für den Lieferanten ein Wettbewerbsvorteil entstehen. Eine gesunde Lieferanten-Kundenbeziehung lebt von einer fließenden oder auch lebendigen Soll-Verkaufsleistung. Eine regelmäßige Überprüfung dieser Parameter ist ein hilfreiches Kundenbindungsinstrument.

Soll-Leistungen sind dynamische Prozesse, die bei gezieltem Einsatz Geschäftsbeziehungen positiv beeinflussen. Viele dieser Aktivitäten sind gelebte After-Sales-Serviceleistungen. Das Verhalten des Lieferanten nach der Erfüllung von Aufträgen ist entscheidend für eine langfristige Partnerschaft. Maßgebend für den Markterfolg ist mehr und mehr die kundenorientierte Gesamtlösung. Es ist der Nutzen, den der Kunde während der gesamten Geschäftsverbindung aus dem Gesamtpaket Produkt plus Service zieht. Es gibt genügend Beispiele, in denen der Lieferant über eine Komplettberatung die Technologie des Kunden beeinflusst, Investitionsentscheidungen begleitet und somit die Verantwortung für den zukunftsorientierten Erfolg des Kunden übernimmt.

Eine solche Leistung wird vom Kunden nicht zwingend erwartet. Es sind jedoch Verkaufsleistungen, die ergänzend zur Kernleistung aus Kundensicht angenehm und komfortabel sind. Eine derartige Qualität der Leistungen ist ein starkes Indiz dafür, dass das Unternehmen kundenorientiert ist. Wichtig ist die Erkenntnis, dass auch der Erwartungshorizont der Kunden einem ständigen Wandel unterliegt. Aus diesem Grund ist es unabdingbar, das eigene Verkaufsangebot kontinuierlich zu analysieren und anzupassen.

Beispiele

- Auch geringfügige Lieferverzögerungen werden dem Kunden mitgeteilt.
- Der Produktionszyklus wird verändert und die Lieferzeiten für bestimmte Produkte verlängern sich. Das verlangt eine Absprache mit den betroffenen Kunden.
- Der Auftrag kann nicht komplett ausgeliefert werden. Eine termingerechte Bedienung des Kunden verlangt Teillieferungen einzelner Komponenten eines Gesamtauftrags, die mit dem Kunden abgesprochen werden.
- Der Kunde hat einen zu hohen, offenen Rechnungsbetrag und damit seinen Kreditrahmen überschritten. Der Finanzbereich verlangt, dass der Kunde einen Teil seiner Rechnungen begleicht. Hier soll der Verkauf ein verbindliches Gespräch führen, dass den Kunden verpflichtet, 1 – 3 erfolgte Lieferungen zu bezahlen.
- Inspektion und Wartung von Maschinen.

Kann-Verkaufsleistungen

Mit erbrachten Kann-Serviceleistungen wird die Attraktivität des Leistungsangebots deutlich erhöht. Solche Zusatzleistungen haben eine starke Auswirkung, wenn sie vom Geschäftspartner emotional wahrgenommen werden. Die Bedeutung wird nochmals erhöht, wenn diese Kundenpflege von den Wettbewerbern nicht erbracht wird.

Beispiel

- Der Kunde wird über Marktveränderungen informiert, die seine Geschäftsinteressen tangieren.

Ziele im Verkaufsmanagement

Das operative Verhalten des Unternehmens in Verbindung mit den Verkaufszielen wird nach Inhalten, Ausmaß und Zeit festgelegt. Diese Kriterien sind wesentlicher Bestandteil einer strategischen Planung des Verkaufsmanagements. Ohne diese festzulegenden Größen werden eine Steigerung der Kundenorientierung und eine Profilierung gegenüber dem Wettbewerb nicht messbar. Zu unterscheiden sind ökonomische und psychografische Ziele.

Ökonomische Ziele

Die ökonomischen Ziele können als ein ergebnisorientiertes Verkaufsverhalten zum Markt angesehen werden. Erfasst werden hier zum Beispiel der Deckungsbeitrag sowie der Wert und mengenmäßige Absatz von Verkaufsleistungen.

Psychografische Ziele sind zum Beispiel:

- die Verbesserung der Qualitätswahrnehmung
- Erhöhung der Kundenzufriedenheit
- stärkere Vernetzung der Kundenbindung

Verbesserung des Images durch Dienstleistungskompetenz und Kundenmanagement ist ein ganzheitlicher Ansatz. Kompetenzen und Ressourcen in Verbindung mit Konsequenz und Nachhaltigkeit werden zum Markt hin kreativ gelebt.

1.1 Verkaufsqualität

Die Ziele des Verkaufsmanagements lassen sich nur dann erreichen, wenn die Erwartungen des Kunden erfüllt werden. Ständige Verbesserungen der Verkaufsqualität sind das oberste Ziel. Sie sind auch ein Ansatzpunkt zur strategischen Weiterentwicklung des Unternehmens. Voraussetzung für eine solche Entwicklung ist eine ehrliche Analyse mit dem Ziel, Optimierungspotenzial im Verkaufsmanagement zu erkennen und zu einem veränderten Marktverhalten zu wandeln.

Nachstehend finden Sie Ansatzpunkte, die geeignet sind, die Qualität der gelebten Verkaufsleistungen zu überprüfen:

In welcher prozentualen Größenordnung werden die tatsächlichen Kundenerwartungen erfüllt? Sind diese Erwartungen bekannt? Hält der Kunde still, weil die Muss-Leistungen funktionieren, die Soll- und Kann-Leistungen jedoch nicht oder zu wenig praktiziert werden? Die Diskrepanz ist das zu verbessernde Potenzial, was über die tatsächliche Kundenerwartung hinausgeht. Hier ist überwiegend das qualitative Verhalten zum Kunden gemeint. Dieser Punkt weist darauf hin, dass das Unternehmen fehlende oder falsche Vorstellungen von der Qualitätserwartung des Kunden hat. Der Grund hierfür kann sein, dass generell eine unzureichende Orientierung zum Markt hin besteht oder der Kunde nicht vorsorglich genügend betreut wird.

Welche Diskrepanz besteht zwischen den qualitativen Kundenansprüchen und deren Erfüllung vom Lieferant? Grund hierfür kann die mangelnde Entschlossenheit des Managements sein, die Servicequalität zu verbessern.

Eventuell aufkommende Diskrepanzen können dadurch ausgelöst werden, dass die Mitarbeiter im Verkaufsbereich zu wenig qualifiziert sind. Ferner, dass die entscheidenden Leistungskriterien nicht regelmäßig überprüft werden. In welchem Maß werden die an den Kunden erbrachten Versprechungen auch erfüllt? Die Nichterfüllung von Versprechen kann dadurch bedingt sein, dass eine übertriebene zu vielversprechende Werbung besteht, aber auch fehlende Kommunikation. In welchem Umfang nimmt der Kunde bewusst den geleisteten Verkauf in Quantität und Qualität wahr?

Das Einzige, was ein Kunde von den Leistungen seiner Lieferanten bewusst wahrnimmt, ist die Qualität!

1.2 Personalpolitik

Wie können die Mitarbeiter dazu motiviert werden, sich stark kundenorientiert zu verhalten? Im Vordergrund steht hier neben dem Fachwissen die Kommunikation, Motivation und die Information. Sind die Mitarbeiter grundsätzlich informiert über die gesamte Geschäftsentwicklung, Marktveränderungen, Reklamationshäufigkeit, aber auch über die vielen Erfolgsgeschichten? Sind sie so gut geschult, dass sie professionell die Kunden betreuen?

1.3 Sechzehn Schritte zur Kundenbindung

Wichtig ist festzustellen, welcher direkte und indirekte Kundenkontakt besteht. Daraus eine Analyse zu entwickeln kann einen Einblick in das Kundenverhältnis geben. Der Bereich Logistik aber auch die Buchhaltung kann durchaus in direkten Kundenkontakt treten und aufgrund eines professionellen Verhaltens eine positive Kundenbeziehung stärken.

[1] Verkaufserwartungen analysieren

Stellen Sie fest, welche Verkaufsleistungen für den Kunden von besonders großem Nutzen sind. Außerdem ist in dieser Analyse zu erfassen, wie sich die Verkaufsqualität im Vergleich zu Wettbewerbern positiv unterscheidet und abgrenzen lässt.

[2] Profilierungsfelder im Verkauf herausarbeiten

Erarbeiten Sie eine Verkaufsstrategie, die klare Profilierungsfelder aufzeigt. Entsprechende Ziele sind festzulegen. In Frage kommen Muss-, Kann- und Soll-Verkaufsleistungen.

[3] Verkaufsstandards

Es gilt zu klären, welche Verkaufsstandards existieren. Können diese in der derzeitigen Qualität beibehalten werden? Welche Standards müssen verbessert werden? Welche neuen Verkaufsstandards sind zu integrieren? Wie nimmt der Kunde diese Standards wahr?

[4] Informationstechnologie

Welche Medien werden derzeit eingesetzt? Welche Veränderungen sind im Bereich Informationstechnologie notwendig, um die Kundenerwartungen zu erfüllen? Werden moderne Technologien genutzt?

[5] Verkaufsqualität in Verbindung mit der Wertschöpfungskette

Mit welcher Konsequenz sind Zulieferer, aber auch interne Partner zur Erbringung einer hohen Qualität aufgefordert?

[6] Die Verkaufsqualität mit Hilfe des internen Marketings verbessern

Es betrifft alle Mitarbeiterinnen und Mitarbeiter, die in direkter oder indirekter Verbindung zur Verkaufsleistung stehen. Wie können Sie die Kommunikation untereinander verbessern? Wird das interne Qualitätsmanagement in der Kunden-Lieferanten-Beziehung gelebt?

[7] Verkaufsorientierung durch Projektteams

Bilden Sie Projektteams aus unterschiedlichen Hierarchien und verschiedenen Zuständigkeitsbereichen. Welche Maßnahmen sind zu erarbeiten, um das vorhandene Potenzial besser zu nutzen?

[8] Kundeninformationen auswerten

Wie können Sie den Informationsrückfluss der Kunden besser nutzen? Welche Verkaufsleistungen sind in diesem Zusammenhang zu verbessern? Besuchsberichte konsequent auswerten, Verteilernetz festlegen!

[9] Die Verkaufsqualität kontinuierlich messen

Es ist wichtig, dass die Verkaufsqualität über festgelegte Standards messbar ist und bei Abweichungen immer wieder auf die gewünschten Werte eingestellt wird. Kundenhinweise sind hier sehr hilfreich. Es gilt auch nach Verbesserungen zu suchen, z. B. Verpackungsänderung. Vereinheitlichung des Sortiments. Erarbeiten Sie 7–10 Verbesserungsvorschläge!

[10] Personalschulung – internes Benchmarking

Auf Dauer kann ein Unternehmen nur mit geschultem Personal erfolgreich sein. Die Weiterbildungsmaßnahmen dürfen nicht nur den Fachbereich betreffen. Es gilt auch, das soziale Verhalten weiterzuentwickeln. Selbstbewusstsein, sicheres Auftreten in Verbindung mit Belastbarkeit sind z. B. ein wichtiges Kriterium.

Professionalität ist gefordert. Dazu gehören der Umgang mit schwierigen Kunden und die Auflösung von Konflikten. Als ein Selbstverständnis muss gelten, allen Menschen mit Achtung und Respekt zu begegnen. Eine negative Entwicklung der Weiterbildung besteht darin, dass immer mehr Maßnahmen über IT-Programme eingesetzt werden. Hohe Sachzwänge auf der fachlichen Ebene und unpersönliche Schulungen führen zu einer emotionalen Verarmung und machen krank.

Welche Weiterbildungsmaßnahmen sind zu entwickeln?

[11] ABC-Analyse

Existiert eine Statistik, die nach dem ABC-Ranking die Kunden einstuft? Welche Strategie wird im Umgang mit den unterschiedlichen Kunden praktiziert? Welcher C-Kunde ist vom Potenzial her ein A-Kunde?

[12] Organisationsstruktur

Welche Position hat der Verkauf in den Managementstrukturen des Unternehmens? Zugrunde liegt eine Skala von 1 bis 10. Dabei bedeutet die 10 die Idealnote. Wie stellt sich der Verkauf dar? Wie stufen Sie ihn ein?

[13] Zusammenspiel Innen- mit Außendienst

Wie häufig sind die Mitarbeiter des Innendienstes in Begleitung mit dem Außendienst bei wichtigen Kunden?

[14] Zusammenspiel Vertrieb / Entwicklung

Welche Kommunikation und Informationspolitik wird zwischen dem Außendienst, Innendienst und dem Entwicklungsbereich bewusst praktiziert?

[15] Personalschulung

Welche Weiterbildungsmaßnahmen haben die Mitarbeiter des Verkaufs in den letzten drei Jahren erfahren? Z. B. Telefonmarketing, Preis-Verhandlungen, Neukunden-Akquise.

[16] Eigeninitiative der Mitarbeiter

Welche Mitarbeiter bilden sich über Eigeninitiative persönlich weiter und können gefördert werden? Wie hoch ist ihre Leistungsbereitschaft?

2 Performance Management

Performance Management bedeutet übersetzt Leistungsmanagement. Menge und Zeit sind die Kriterien, mit denen das Ergebnis der Leistung bewertet wird. Ca. 60 % der deutschen Wirtschaft arbeitet mit einer Leistungskontrolle. So wird z. B. über internes Benchmarking die Leistung von vergleichbaren Technologien und Teams in Schichtbetrieben gegenübergestellt.

In diese rein sachliche Bewertung eingebunden sind der Mensch als Einzelperson, Teams, diverse Standorte und Abteilungen. Letztendlich geht es darum, die Unternehmensprozesse zu optimieren und somit die physischen und psychologischen Ressourcen bestmöglich zu nutzen.

Wie steht das Personal den Leistungsprozessen und auch der Unternehmenspolitik gegenüber? Identifiziert es sich mit den Unternehmenszielen? Hier sind die Führungskräfte gefragt. Wie führen Sie? Wie tritt das Unternehmen gesellschaftspolitisch auf? Werden die Grundsätze von Corporate Social Responsibility erfüllt? Wir haben heute ein verändertes Leistungsverständnis. Der Wertewandel nimmt starken Einfluss auf das Personalmanagement. Die Führungskraft sollte wissen, wie ihre Mitarbeiter motiviert sind. Erbringen sie ihre Leistung unter Zwang? Ist ihr Umfeld am Arbeitsplatz disharmonisch? Sehen sie in ihrer Leistung die Chance zur Selbstverwirklichung?

Performance Management erfasst die erweiterte Umgebung. Erfasst wird das Gesamtbild des Unternehmens wie es in Erscheinung tritt.

Grundbedingungen

- Die Strategie ist ziel- und ergebnisorientiert und entspricht der gewollten Unternehmensentwicklung.
- Kostenbewusste Leistungsstrategie ist die Grundsatzphilosophie.
- Das Qualitätsbewusstsein steht im Vordergrund.
- Der marktorientierte Innovationsgeist wird im gesamten Unternehmen forciert.
- Der Informationsfluss wird von allen Verantwortlichen team- und unternehmensorientiert gelebt.
- Die gesamte Kommunikation ist verständlich, transparent und auf hohem Niveau.
- Das Verhalten der Wettbewerber wird beobachtet, bewertet und falls notwendig wird die eigene Strategie angepasst.
- Alle Entscheider begegnen sich mit Achtung und Respekt.
- Es wird eine auf Kultur und Werte ausgerichtete Unternehmenspolitik praktiziert.
- Konsequenz-Management und Nachhaltigkeit sind ein starkes Profil des Unternehmens.

2.1 Gestaltungs-Management

Performance Management ist kein grundlegend neues System, das einem Unternehmen übergestülpt wird. In der gesamtheitlichen Performance-Strategie werden Sie Elemente und Bausteine ursprünglicher Unternehmensphilosophien finden. Im Vergleich ist Performance Management eine Gesamtarchitektur, die primär auf Leistung ausgerichtet ist. Architektur bedeutet aber auch den Bau eines Projektes, das aufgrund seiner

Gestaltung eine unverwechselbare Auffälligkeit zeigt. Performance Management ist somit aus unternehmerischer Sicht definiert, eine ganzheitlich erbrachte Leistung auf höchstem Niveau. Diese ist nur dann erreichbar, wenn alle Leistungsbereiche nach intern und extern fokussiert sind.

Über entsprechende Controllingorgane im Unternehmen können nicht gewollte Entwicklungen sehr schnell festgestellt werden. Eine gelebte Business Intelligence ist hier gefragt. Diese Intelligenz verlangt von jeder Führungskraft, selbst die geringsten Abweichungen von einer Sollstrategie festzustellen und wieder auf den Erfolgskurs zurückzuführen. Nachstehend folgen einige Kriterien, die erfolgreiche Unternehmen auszeichnen:

- Mindestens einmal jährlich werden Grundsatzfragen der Personalstrategie, der Visionen, der Marktposition und der übergeordneten Unternehmensaufgabe neu festgelegt.
- Das Verhalten und Auftreten der Wettbewerber wird beobachtet, analysiert und Verhaltensweisen positiv beeinflusst.
- In Form von Benchmarking werden Stärken-Schwächen-Analysen des Unternehmens durchgeführt.
- Alle Leistungs-Kernsortimente werden mit Hilfe eines Portfolio-Managements auf Absatz-, Umsatz- und Ergebnisentwicklung geprüft und wenn notwendig verändert.
- Im Unternehmen wird eine Kultur praktiziert, die alle Anspruchsgruppen wie Kunden, Lieferanten, Mitarbeiter, Eigentümer und Aktionäre berücksichtigt.
- Grundsätzlich wird im Unternehmen agiert statt reagiert.
- Alle Unternehmensprozesse werden permanent verbessert.
- Beim gesamten Personal wird ein kollektives, marktorientiertes Bewusstsein gestärkt.

- In den einzelnen Kernbereichen werden einzigartige Stärken gefestigt und ausgebaut.
- IT-Ressourcen werden als Führungs- und Entscheidungsmanagement genutzt.
- Alle Führungskräfte erhalten klar definierte Bevollmächtigungen.
- Führungskräfte bewegen sich auf verschiedenen Ebenen.

Strategisches Management

Hierunter fallen folgende Punkte:

- Die strategische Prozessgestaltung wird regelmäßig überprüft und optimiert.
- Notwendige Strategieimplementierungen werden konsequent realisiert.
- Messungen von immateriellem Vermögen im Gesamtunternehmen werden durchgeführt und auf die richtige Inanspruchnahme geprüft.

Prozess- und Organisationsmanagement

Leistungsprozesse und die damit verbundenen organisatorischen Abläufe sind wesentliche Kriterien einer erfolgsorientierten Unternehmensstrategie. Auch hier spielen Zeit und Raum eine bedeutende Rolle. Die Minimierung beider Kriterien bedeutet immer eine höhere Gewinnmarge. Hier ist das Management auf allen Ebenen gefordert.

Folgende Punkte können relevant sein:

- Restrukturierung
- Kostenmanagement
- Geschäftsprozessoptimierung

- Beschaffungsmarketing
- Supply Chain Management
- Vertriebsmanagement
- Prozesskostenrechnung
- Benchmarking

Diese strategischen und prozessorientierten Kriterien haben nur Bedeutung und den entsprechenden Einfluss, wenn sie konsequent gelebt werden. Das Thema Konsequenz-Management gewinnt zunehmend an Bedeutung.

Personalmanagement

Das allgemeine Personalmanagement in der deutschen Wirtschaft befindet sich in einem Dilemma. Auf der einen Seite wird ein Kollektivbewusstsein in Form von Teamarbeit gefordert. Auf der anderen Seite hören wir immer wieder, dass die Industrie ihr Personal reduziert und von den Übriggebliebenen immer mehr Leistung fordert. Verbunden mit vielen anderen Veränderungen ist ein relativ hoher Prozentsatz des Personals weder gewillt noch fähig, sich den veränderten Gegebenheiten mit Begeisterung anzupassen. Die häufig negative Kommunikation und seitens des Managements fehlende ehrliche und offene Informationspolitik tragen zu einem stark demotivierenden Prozess bei. Hier sind die Führungskräfte effektiv gefordert.

Führung

Personalmanagement ist eine der wichtigsten Unternehmensaufgaben. Wertewandel, Digitalisierung der Arbeitswelt und fehlende Fachkräfte verlangen vom Management, eine stark motivierende Kultur zu leben.

Was erwarten die Mitarbeiter:

- eine verantwortungsvolle Tätigkeit
- an den Entwicklungen und Entscheidungsprozessen teilhaben zu können
- die Arbeitszeit teilweise flexibel gestalten zu können
- auch im Team individuelle Anerkennung zu finden
- einen gesicherten Arbeitsplatz
- im Unternehmen ethische Prinzipien zu erkennen
- Der berufstätige Mensch wünscht sich Zielvereinbarungen für seine zukünftige Entwicklung.
- Auch erwartet er klar abgesprochene Leistungserwartungen von Seiten des Unternehmens als Zielorientierung.
- Eine offene Kommunikation, auch abteilungsübergreifend, wirkt auf den Mitarbeiter leistungssteigernd.

Ein hoher Prozentsatz der Verantwortlichen in den Unternehmen hat wenig Konfliktbereitschaft und ist daher unfähig, die anstehenden Veränderungsprozesse beim Namen zu nennen. Dennoch ist in vielen Unternehmen eine veränderte, positive Einstellung erkennbar. Trotz dieser kritischen Betrachtung haben wir den Mut zu behaupten, dass ein wesentlich größerer Teil der berufstätigen Menschen eher unterfordert und nicht überfordert ist. Folgende Personalstrategie trägt dazu bei, dass ein Unternehmen mit seinem Personal einen erfolgreichen Weg gehen wird:

- Grundsatz: Die Besten sind gerade gut genug!
- Die richtigen Persönlichkeiten am richtigen Platz.
- Über positives Firmen-Image gute Arbeitskräfte anlocken.
- Eine fachlich optimierte Einführungsstrategie.

- Für das gesamte Personal eine Erfolgs- und Karriereplanung umsetzen.
- Ziel ist es, Spezialisten und Universalisten zu entwickeln.
- Bei jedem Einzelnen die Ressourcen (Skills und Fachwissen) weiterentwickeln und die Kompetenzen erweitern.
- Regelmäßige Rückmeldungen helfen, die Mitarbeiter besser kennen zu lernen, ihre besonderen Fähigkeiten zu stärken und fehlende Kompetenzen aufzubauen. Ziel ist es, ihre volle Leistungsfähigkeit zu entwickeln.
- Feedback ist ein wesentlicher Schlüssel im Performance Management.
- Absprachen / Zusagen werden eingehalten.

Ziele eines Entwicklungsplanes

- Die Kompetenz in der momentanen Aufgabe auf hohem Niveau sicherstellen.
- Die unternehmensorientierten Ziele sind erfolgsorientiert zu verfolgen.
- Regelmäßige Gespräche sind die Basis, um die zukünftigen Herausforderungen zu bewältigen. Konsequenz-Management wird als selbstverständlich gelebt.
- Die momentane Position und das zukünftige Leistungsvermögen des Mitarbeiters sind zu sichern.
- Eine Stärken-Schwächen-Analyse ist durchzuführen und zu kommunizieren.
- Bei gravierenden Schwächen prüfen, ob der Arbeitsplatz den Fähigkeiten entspricht.
- Evtl. gezielte Weiterbildungsmaßnahmen entwickeln.
- Die Leistung ist grundsätzlich zu verbessern.

Ziel-Management

- Grundsatz: Performance Management ist kein nur einmal jährlich durchgeführter Jahresabschluss.
- Performance Management ist ein eindeutiger und geregelter Diskussionsprozess.
- Die Ziele sind gekoppelt mit den allgemeinen Zielen der organisatorischen Einheit.
- Die Ziele basieren auf der Funktion, die jeder Einzelne hat.
- Abgleich von persönlichen, qualitativen Zielen und quantitativen Unternehmenszielen.
- Ein entsprechender Abgleich zwischen Ist- und Sollleistung erfolgt regelmäßig.
- kurz-, mittel- und langfristige Zielplanung
- Zielabsprachen mit den einzelnen Unternehmensbereichen
- Abstimmung und Kontrolle der Zielerreichung
- regelmäßige Besprechungen mit allen Verkaufsführungskräften
- Gespräche mit den Verkaufsbereichen und anderen Abteilungen
- strategische Betreuung von Key Account Kunden
- Koordinierung und Absprache der allgemeinen Reisetätigkeiten
- Feedbackgespräche mit den Führungskräften
- Berichterstattung an die Geschäftsleitung

Restrukturierungsprozess

Bei der Restrukturierung sind folgende Kriterien wichtig:

- Die organisatorischen Prozesse sind intern und extern im Sinne von Lean-Management und Kaizen zu verbessern.
- Alle Kriterien sind zu verändern, die ein Corporate Performance Management der zusammengeführten Abteilungen und Standorte garantieren.
- Die Angebotsabläufe sind zu vereinheitlichen, zeitlich zu optimieren und müssen in ihrer Visualisierungsqualität den Kundenansprüchen gerecht werden.
- Einsicht in die Materialwirtschaft im Bereich der Produktionskette
- Ein weiteres Ziel ist es, die Reklamationshäufigkeit zu minimieren und jede Reklamation schnell, professionell und nachhaltig zu bearbeiten.
- Die Leistungseffizienz steigern und wichtige Entscheidungsprozesse beschleunigen.

Ziele des Unternehmens

- Die Nr. 1 im internationalen Markt sein.
- Das vorhandene Kundenpotenzial bewusster ausschöpfen und neue Kunden gewinnen.
- Marktnischen für innovative Technologien, Produkte und Leistungen erkennen und gewinnbringend nutzen.
- Der eigene Qualitätsanspruch und der geleistete Service stehen deutlich über dem Auftreten der Wettbewerber.
- Sich organisatorisch so zu entwickeln, dass eine erhöhte Effizienz und die damit erreichte Kostenminimierung einen sinnvollen Preiskampf im Markt zulassen.
- Im Bereich Verkauf werden nur die besten und qualifiziertesten Beziehungsmanager den einzelnen Märkten zugeteilt.

- An allen Standorten existiert nur ein auf Einheit abgestimmtes Unternehmen.

Die nächsten Schritte

- Entscheidungsphase: Was wird wie verändert?
- Festlegung von Maßnahmen, Verantwortlichkeiten
- Umsetzungsphase: Klar definierte Termine
- Kontrolle der definierten Ziele
- Auf allen Ebenen wird eine beschleunigte mitarbeiterorientierte Informationspolitik entwickelt.
- Berichtswesen, Dokumentation
- Die verwirklichten, aber auch die nicht erreichten Ziele werden konsequent kommuniziert.

  Es ist die permanente Aufgabe des Managements, zu gestalten, zu formen, zu verändern und ein einheitliches innovatives Bild nach Innen und Außen zu präsentieren.

2.2 Performance Management, Abteilungen

Den ganzheitlichen Ansatz, Performance Management im Unternehmen zu leben, verlangt die nach innen gerichtete Betrachtung der einzelnen Verantwortungsbereiche. Wie sind die verschiedenen Abteilungen aufgestellt? Welches Profil zeigen diese Bereiche? Erst dann, wenn die Verantwortlichkeiten klar erkennbar werden, sind die Voraussetzungen für ein sinnvolles Performance Management geschaffen. Es gehört zu der Aufgabe einer Führungskraft, ihren Leistungsbereich innerhalb des Unternehmens und nach außen hin zu präsentieren. Dies gilt besonders für den Vertriebsbereich. Es ist oft interessant zu beobachten, dass in den Abteilungen, die von ihren Führungskräften positiv dargestellt werden, auch höhere Investitionen zugelassen werden.

Restrukturierung im Vertrieb

Eine Restrukturierung der existierenden Verkaufsorganisation ist oft notwendig. Folgende Gründe können vorliegen:

- Zu wenig Kommunikation und zu langsamer Informationsfluss.
- Die Verantwortlichkeiten sind nicht 100% abgeklärt und zugeordnet.
- Wichtige Entscheidungen werden mit erheblicher Verzögerung getroffen.
- Die gelebte Business Intelligence (BI) ist holprig.
- Konflikte und Unstimmigkeiten sind nicht geklärt.
- Führungskraft und Entscheider sind zu wenig präsent.

Um die Effizienz des Verkaufsbereichs zu steigern, Unstimmigkeiten zu vermeiden und die entscheidungsrelevante Kommunikation zu verbessern sind die Führungs- und Managementkompetenzen neu zu definieren.

Managementaufgaben Vertriebsbereichsleiter

- Genau definierte Zielabsprachen mit den Verantwortlichen im Außendienst.
- Permanente Motivation für die Zielerreichung.
- Ergebniskontrolle der Reisetätigkeiten.
- Von allen Außendienstlern wird ein kurzer Monatsbericht gefordert und ausgewertet.
- Die Wettbewerber beobachten → Informationen sammeln und für eigene Entscheidungen nutzen.

- Es werden monatliche Besprechungen im Team geführt → Erfahrungsaustausch.
- Besondere Vorkommnisse werden sofort kommuniziert.
- Einflussnahme auf das Einkommen und die Weiterentwicklung des Mitarbeiters im Innen- und Außendienst.
- Wenigstens einmal im Jahr erhalten die Mitarbeiter ein Feedbackgespräch.
- Konflikte frühzeitig erkennen und lösen → Mediator einsetzen.
- Verantwortlich für die im Team gelebte Ethik und Kultur sein.

Managementaufgaben Regionalleiter

- Marktanalyse der vorhandenen Potenziale erstellen.
- Welche Marktentwicklungen sind zu erwarten?
- Effizienz und Verkaufserfolge verbessern.
- Kundenbindung verbessern und stärken.
- Den Erfüllungsgrad des erwarteten Service erhöhen.
- Regelmäßiger Erfahrungsaustausch im Team.
- Monatliche Berichterstattung.
- Es sind motivierende, regelmäßige Gespräche zu führen.
- Marktmöglichkeiten für neue Produktinnovationen suchen.

Jede Führungskraft steht in der Verantwortung, die Leistungen ihres Teams adäquat zu präsentieren.

2.3 Eigenes Performance Management

Sie sollten Ihr Image kennen, das Sie sich, basierend auf Ihren Leistungen und Verantwortungsbereichen, aufgebaut haben.

Grundsatzgedanken:

- Wie bewusst identifizieren Sie sich mit der Vision des Unternehmens?
- Sie wissen, welche Ergebnisse von Ihnen erwartet werden.
- Sie stellen die Resultate Ihres Teams positiv heraus.
- Notwendige Veränderungen werden sofort umgesetzt.
- Die Ziele, die von der Unternehmensseite an Sie gestellt werden, sind für Sie realistisch und messbar. Sie identifizieren sich mit den Zielen.
- Sie fordern eine Rückmeldung über das Ergebnis Ihrer Arbeiten.
- Sie zeigen gegenüber Kollegen, Mitarbeitern und Vorgesetzten Respekt.

Arbeitsbedingungen

- Ihre Zeit ist rationell geplant und Ihre Arbeitsmethodik effizient ausgelegt.
- Sie sorgen dafür, dass alle notwendigen Arbeitsmittel vorhanden sind.
- Ihre Leistungen sehen Sie grundsätzlich in Zusammenhang mit dem gesamten Unternehmen. Ihre lösungsorientierte Kommunikation mit anderen Abteilungen ist Ihnen wichtig.

Persönliche Motivation

- Sie haben den Willen, über Ihre erbrachten Leistungen positiv aufzufallen.
- Eine hundertprozentige Leistung verbunden mit hohem Qualitätsanspruch ist für Sie selbstverständlich.
- Sie stehen grundsätzlich zu Ihrem Denken, Handeln und Entscheiden. Ausreden und Schuldzuweisungen passen nicht in Ihren Berufskodex.
- Ihr wichtigster Grundsatz ist, sich weiterzubilden, zu lernen und Ihre Fachkompetenz auf hohem Niveau zu praktizieren. Sie wissen, warum Produkte eine bestimmte Wertung haben.
- Sie kennen und nutzen das unternehmerische Netzwerk und fühlen sich für den Gesamterfolg mitverantwortlich.
- Der Markt und das Verhalten der Wettbewerber sind Ihnen sehr gut bekannt.
- Es ist Ihnen ein Anliegen, die Vorteile der Unternehmensleistungen immer wieder positiv herauszustellen.
- Ihr Wissen erfasst die Bereiche Mitarbeiter, Kollegen, Management, Organisation und Technik.
- Sie verfügen über hervorragendes Fachwissen und die Fähigkeit, erfolgsorientierte Entscheidungen zu treffen.

Persönliches Performance Management ist die Fähigkeit, sich als Persönlichkeit positiv darzustellen und entsprechend als Sieger aufzutreten. Sie übernehmen Verantwortung für Andere.

3 Change-Management

3.1 Kreatives Denken und Handeln

Unternehmen, die ausschließlich auf die Erhaltung des Bestehenden ausgerichtet sind, unterliegen dem Gesetz des langsamen Sterbens. Veränderungsmanagement ist nicht nur ein zielorientiertes Denken und Entscheiden der Führungsebenen, sondern auch das Einbinden des gesamten Personals, Kreativität zu leben. Change-Management ist ein gemeinsames Verständnis der Menschen in einem Unternehmen, den Wandel der Zeit anzunehmen und über entsprechende Initiativen einen Vorsprung zu erarbeiten. Welche Lösungen bieten sich an, um strategisch im Vergleich zum Wettbewerb besser zu sein? Es ist ein ganzheitlicher Ansatz, der alle im Unternehmen anspricht.

Lösungsorientiertes Denken erfasst den situativ kritischen Zustand. Der Ist-Stand wurde erfasst. Jetzt wird gemeinsam nach dem idealen Zustand gesucht. Alles Denken ist willentlich aus der kritischen Situation heraus auf ein erfolgsorientiertes Ziel gerichtet.

Wenn Sie konsequent in Lösungen denken, werden Sie die Unternehmensergebnisse positiv beeinflussen.

Veränderungen sollten von außen erkennbar werden. Ein Wandel innerhalb eines Unternehmens, der von außen erzwungen wurde, kommt meistens zu spät und entspricht nicht mehr den Anforderungen. Dies gilt vor allem auch für den Verkaufsbereich.

Gesunde und liquide Unternehmen sind permanent in einem gewollten Veränderungsprozess. Dies sichert Vorsprung, zusätzlichen Gewinn und hohe Liquidität. Veränderungen können auf der Sachebene, in der Organisation und im Personalbereich initiiert werden. Change-Management als Strategie garantiert Wachstum und Zukunft.

Strategisches Management im Verkaufsbereich

- **Zielorientierte Richtung der Verkaufsabteilung festlegen.**
  Die Voraussetzung für die Festlegung von Zielen ist eine ganz klare Bestandsaufnahme. Wo steht die Verkaufsabteilung? Was ist positiv zu bewerten? Welche Gegebenheiten sind unbefriedigend oder Anlass häufiger Diskussionen? Ein Brainstorming mit allen Mitarbeitern wird Klarheit entwickeln, in welche Richtung der ergebnisorientierte Weg gehen soll.
- **Den langfristigen Erfolg der Verkaufsabteilung sichern.**
  Welche Voraussetzungen müssen geschaffen werden, um langfristige Erfolge zu sichern? Dies beginnt bei der Personalschulung bis hin zur Sortimentsbereinigung. Hinzu kommen Innovationsprodukte.
- **Interne und externe Ausrichtung der Verkaufsabteilung**
  Die interne Ausrichtung verlangt, den Kommunikationsprozess permanent zu verbessern. Dazu gehören auch die Bewertung der Teamarbeit und auf welcher Ebene die Zusammenarbeit und der Austausch mit anderen Abteilungen geführt wird.
  Extern gilt es, den Umgang mit den Kunden, aber auch die Homogenität mit dem Außendienst, Händlern, eigenen Vertretungen und mit den Lieferanten zu verbessern.
- **Erfolgspotenziale entwickeln und schaffen**
  Welche Leistungsfähigkeit der Verkaufsabteilung gilt es zu stärken? Welche neuen Möglichkeiten müssen zwangsläufig

generiert werden? Angesprochen sind Produktpolitik, Preispolitik, Lieferservice, Kundenbindung und eine niveauvolle Kommunikationspolitik.

- **Bei allen Entscheidungen übergreifende Perspektiven berücksichtigen.**
  In welcher Qualität liegen die jetzigen Perspektiven vor? Diese können sein:
  - die Marktposition zu verändern,
  - internationale Märkte zu erschließen,
  - bei mehreren Standorten die erfolgsorientierte Zusammenarbeit zu perfektionieren,
  - Neukunden zu akquirieren,
  - gezielt Marktanteile von Wettbewerbern zu übernehmen.

Strategien – Strukturen – Systeme

[1] Strategien

- langfristige Geschäftsziele
- Festlegung der angestrebten Struktur der Verkaufsabteilung
- Aufbau von wettbewerbsrelevanten Ressourcen

Unter dem Begriff Strategie ist der Anspruch des Unternehmens an den Markt zu verstehen. Strategie birgt immer das Ziel, die Anteile im Markt nicht nur zu halten, sondern auch zu vergrößern. Eine erfolgreiche Strategie ist grundsätzlich nach Innen und Außen gerichtet.

[2] Strukturen

- Organisation
- Arbeitsteilung
- Regelung der Zusammenarbeit

- Koordination

Strukturen sind solche Regulierungen, welche die Zusammenarbeit der Menschen im Unternehmen bestimmen. Sie bestimmen die Art der Arbeitsteilung und legen fest, wie Aufgaben koordiniert werden.

[3] Systeme

- Systeme sind Methoden, Strukturen und Wege, die zur Führung des Unternehmens geeignet sind.
- Koordination und Kooperation

Systeme schließen alle benötigten Instrumente ein, um eine Verkaufsabteilung erfolgreich zu führen. Im Wesentlichen werden alle notwendigen Informationen und Informationstechniken angesprochen, die das Verhalten und die Motivation der Verkaufsmitarbeiter beeinflussen. Dies umfasst auch den Einsatz neuer digitaler Medien, z. B. e-Learning, virtuelle Web-Konferenzen u.v.m.

3.2 Change-Management als Erfolgsbasis

Veränderungsmanagement im Vertrieb ist die Basis der willentlich angestrebten Erfolge. Die Voraussetzungen hierfür sind mentale Flexibilität, Entscheidungskompetenz und die Bereitschaft, immer wieder eingefahrene Wege in Frage zu stellen. Die Qualität von Change-Management kann sehr unterschiedlich sein.

Von außen erzwungenes Change-Management – reagierend – passiv

Veränderungen, die nicht gezielt geplant sind und als Reaktion ad hoc vorgenommen werden, sind aufgezwungenes Handeln. Es ist die Grundlage von vielen Zufallsergebnissen. Diese Form von Change-Management beinhaltet zwar häufige Wiederholungssituationen, kann aber auf keinen Fall als ein strategisches Verhalten bewertet werden.

Geplantes Change-Management – agierend – proaktiv

Dieses Change-Management resultiert aus sorgfältig beobachteten Marktentwicklungen. Die Erwartungen der Kunden und das Verhalten der Wettbewerber haben Einfluss auf die Veränderungspolitik, die aktiv und vorausschauend geplant und umgesetzt wird. Wichtig ist, dass die eigene Position im Markt immer wieder in Frage gestellt wird.

Gelebtes Change-Management

Im Folgenden finden Sie zehn Stufen, die Ihnen die Möglichkeit geben, die jetzige Situation im Detail zu erfassen und erfolgsorientierte Zukunftsperspektiven aufzubauen. Sicherlich wird dieser analytische Prozess von Abteilung zu Abteilung unterschiedlich ausfallen. Entscheidend ist jedoch, dass Sie sich mit den Fragen gezielt auseinandersetzen und dabei zu bestimmten Überlegungen hingeführt werden. Oft sind die Mitarbeiter einer Verkaufsabteilung mit dem Alltagsgeschäft so belastet, dass der kreative Teil zu kurz kommt. Hier ist die Führungskraft gefragt, diesen Prozess anzuregen und gemeinsam zu erarbeiten.

Zehn Stufen

1. Bewusstsein für dringende Veränderungen schaffen! Wo stehen wir? Was ist das Problem?

2. Messbare Strategien zur Erreichung der Vision entwickeln! Wohin wollen wir uns verändern?

3. Die Visionen und Strategien kommunizieren! Wie muss das notwendige Wissen optimal vermittelt werden?

4. Kurzfristige, sichtbare Erfolge planen! Wie werden erste Erfolge sichtbar gemacht?
5. Marktorientierte Steuerung durch Mitarbeiter des Verkaufsbereichs! Wie werden die Beziehungsprozesse nach Innen und Außen beschrieben und optimiert?
6. Die Nachhaltigkeit verbessern!
7. Erfolge zu einem festen Bestandteil machen! Wie werden alle Beteiligten in den erfolgreichen Veränderungsprozess eingebunden?
8. Neue Verhaltensweisen kultivieren! Wie wird die mentale Veränderung im Zuständigkeitsbereich gewährleistet und entsprechend gelebt?
9. Weiterbildungsmaßnahmen durchführen! Dies kann geschehen durch: Seminare, interne Teamprozesse fördern, regelmäßige Überprüfung des Wissensstandes
10. Performance-Management des Teams und der Abteilung nach Innen und Außen als Gesetz der Imagebildung aktiv leben. Immer wieder prüfen, inwieweit dieses Selbstverständnis aller Leistungen sinnvoll präsentiert wird.

Zu 1: Bewusstsein für dringende Veränderungen schaffen!

Die Mitarbeiterinnen und Mitarbeiter im Verkauf spüren zwar, dass Veränderungen notwendig sind, es fehlt ihnen jedoch das Bewusstsein für eine wirkliche Handlungsnotwendigkeit. Solange dieses Bewusstsein nicht existiert, werden auch keine entsprechenden Maßnahmen eingeleitet. Auch Führungskräften fehlt oft die Entscheidungskraft, Veränderungen einzuleiten.

Wo sehen Sie das Problem?

____

____

Wie mächtig sind die funktionalen Gewohnheiten? Welchen Einfluss haben sie?

Zu 2: Messbare Strategien zur Erreichung der Vision entwickeln!

Eine Vision ist eine globale Vorausschau, die sich bis zu einem bestimmten Zeitpunkt verwirklicht haben soll. Die Vision erfasst Sachziele, aber auch veränderte Verhaltensweisen im Team oder auch im gesamten Unternehmen (z. B. schnellere Liefermöglichkeiten, weniger Reklamationen etc.).

Was soll verändert werden?

Erfassen Sie zehn Punkte, die verändert werden sollen und bis wann!

Zu 3: Die Ziele und Strategien kommunizieren!

Viele Unternehmen haben Ziele, aber nicht einmal die Führungskräfte kennen diese. Es fehlt ein gemeinsames Verständnis und eine aktuelle Strategie. Insofern ist es von Wichtigkeit, dass das gesamte Personal die Ziele kennt und auch weiß, wie die Details strategisch umzusetzen sind.

Wie können Ziele optimal vermittelt werden?

Schreiben Sie ca. fünf Möglichkeiten auf!

Zu 4: Kurzfristige, sichtbare Erfolge planen!

Wenn Vision, Ziele und die damit verbundene Strategie im Bewusstsein der Mitarbeiter verankert sind, werden sehr schnell veränderte Verhaltensweisen sichtbar. Diese gilt es positiv zu verstärken. Verkürzte Lieferzeiten, weniger Reklamationen, positive Kundenschreiben und Zufriedenheit der Mitarbeiter werden kommuniziert. Das Einführen notwendiger und regelmäßiger Besprechungen wird kurzfristige Erfolge sichtbar machen. Sehr positiv werden auch beschleunigte Informationsströme wahrgenommen.

Wie werden die Erfolge sichtbar gemacht?

Nennen Sie fünf Beispiele!

Zu 5: Marktorientierte Steuerung durch die Mitarbeiter des Verkaufsbereichs!

Jeder Mitarbeiter hat seinen Einfluss auf die gelebte Unternehmenspolitik in Richtung Markt. Steuern heißt in diesem Fall alle Kriterien zu erfüllen, die für einen positiven Umgang mit Kunden notwendig sind. Dazu gehören gute Produktkenntnisse, professionelle Kommunikation, gelebte Ehrlichkeit und hohe Kunden- und Serviceorientierung. Die Muss-, Soll- und Kann-Leistungen haben dabei einen verkaufsfördernden Einfluss.

Beschreiben Sie je drei unterschiedliche Beziehungsprozesse nach Innen und Außen zu Ihren Kunden!

Zu 6: Die Nachhaltigkeit verbessern!

Der Begriff Nachhaltigkeit hat in der Wirtschaft an Bedeutung gewonnen. In diesem Kontext bedeutet Nachhaltigkeit das erfolgreiche Verhalten dauerhaft zu verstärken. Auch ein geringes Nachlassen des einmal eingeschlagenen Weges kann sehr schnell eine negative Auswirkung haben. Nachhaltigkeit ist der Wille, die eingetretenen Erfolge zu stabilisieren und zu erweitern.

Nennen Sie sieben Beispiele aus der Verkaufsabteilung, um konkret Nachhaltigkeit zu praktizieren!

Zu 7: Erfolge zu einem festen Bestandteil machen!

In vielen Unternehmen gibt es die negative Gewohnheit, überdurchschnittliche Erfolge zu ignorieren. Kleine Unzulänglichkeiten werden dagegen intensiv kommuniziert. Wenn die Mitarbeiter regelmäßig über positive Entwicklungen informiert werden, beeinflusst dies die Motivation und damit das Bedürfnis, erfolgsorientierte Nachhaltigkeit zu leben. Es sollte ein wichtiges Ziel sein, dass auch das Team untereinander Erfolge kommuniziert.

Wie werden alle Beteiligten in den erfolgreichen Veränderungsprozess eingebunden? Beschreiben Sie sieben motivierende Möglichkeiten.

Zu 8: Neue Verhaltensweisen kultivieren!

Hier sind Verhaltensänderungen nach Innen und Außen angesprochen. Der Begriff Kultur besagt, dass bestimmte Verhaltensweisen im Sinne einer positiven Gemeinschaft praktiziert werden. Dies beginnt mit der allgemeinen positiven Begrüßungszeremonie in Besprechungen, professionell mit schwierigen Kunden umzugehen, Reklamationen in kürzester Zeit zu erledigen und in alle Richtungen informativ zu sein.

Wie hat sich der Geist im Verkauf verändert, wie wird er gelebt? Schreiben Sie zehn Merkmale auf!

Zu 9: Weiterbildungsmaßnahmen durchführen!

Ein Unternehmen kann nur so erfolgreich sein, wie seine Mitarbeiterinnen und Mitarbeiter fähig sind. Dies gilt sowohl für die fachliche, als auch soziale Kompetenz. Heute werden oft kombinierte Seminare durchgeführt, z. B. bestehen die Inhalte zu 30 % aus Marketingwissen, 30 % lösungsorientierte Kommunikation und weitere 30 % Persönlichkeitsarbeit. Weiterbildung ist keine Fehlinvestition, sondern gelebte Professionalität.

Formulieren Sie sieben bis zehn Weiterbildungsmaßnahmen, die geeignet sind, die Kompetenzen und Ressourcen des Teams zu verbessern!

Zu 10: Performance Management von Team und Abteilung!

Performance Management ist der willentliche Weg, Leistungen auf hohem Niveau intern und extern zu leben. Eine Verkaufsabteilung mit einem negativen Image wird auch einen negativen Einfluss auf die Entwicklung des gesamten Unternehmens ausüben. Insofern gilt es für alle Mitarbeiter im Vertrieb immer wieder festzustellen, wie sie von ihrem Umfeld und vom Markt wahrgenommen werden und was sie verbessern können und müssen.

Nennen Sie jeweils fünf Verhaltensweisen, die Sie nach Innen bzw. Außen verbessern können!

In einem Unternehmen ist es die Verpflichtung aller Beschäftigten, nach jener höchsten Aufgabe zu streben, zu der sie im Unternehmen fähig sind!

4 Marketing

Marketing ist die Unternehmensstrategie, die die Zukunft nicht dem Zufall überlässt. Die Bedürfnisse und Anforderungen der Kunden werden konsequent in die internen Prozesse übernommen. Wertschöpfungsprozesse sind zu maximieren. Bestrebungen wie Qualität, Zeit, Kosten, Gewinn, Serviceleistung und Umweltverantwortung sind eingebunden.

Marketing bedeutet, Chancen der Märkte zu erkennen und sie gewinnbringend in Produkte bzw. Leistungen umzusetzen. Dazu gehören Innovationen in Form neuer und verbesserter Produkte sowie die Verbesserung aller organisatorischen Abläufe innerhalb des Unternehmens. Dies beinhaltet auch den Umstieg auf ganzheitliche Lösungen. Ich kaufe z. B. nicht nur die Pumpe, sondern das komplett verrohrte System mit aller erforderlichen Mess- und Regeltechnik. Es werden globale Lösungen angeboten und verkauft. Ein ebenso wichtiger Punkt ist die Schulung und Weiterentwicklung des Personals. Ein Unternehmen ist so souverän, wie seine Mitarbeiter fähig sind. Dieses Differenzierungsmerkmal hat entscheidenden Einfluss auf die Gesamtentwicklung im Verkauf. Reengineering ist hier das Stichwort: die Analyse und Überarbeitung vorhandener Lösungen mit dem Ziel, diese zu verbessern.

Unerlässlich im Marketingentscheidungsprozess sind die Kenntnisse über die wichtigsten Wettbewerber im Markt. Welches Ranking nehmen die Wettbewerber ein? Welches dieser Unternehmen entspricht am ehesten der eigenen Zukunftsstrategie? Neben der Position der Wettbewerber sind auch deren Leistungskompetenzen und -ressourcen genauestens zu erfassen. Alle Informationen aus dem Markt werden gebündelt und ausgewertet. Wettbewerbsanalysen sollten Bestandteil der eigenen dynamischen Unternehmenspolitik sein.

Im Folgenden finden Sie eine Gliederung, die als Marketing-Planungsprozess eingesetzt werden kann. Zugrunde gelegt werden bereits eingeführte Produkte, Dienstleistungen, Produktgruppen, aber auch neue Produkte.

4.1 Marketing Planungsprozesse

Die Voraussetzung für eine erfolgreiche Planung ist eine detaillierte Ist-Analyse und klare Zieldefinition. Der Anspruch an die in die Planung einfließenden Bewertungskriterien steigt. Wie sieht der Anspruch aus? Was soll erreicht werden? Welche Mittel stehen zur Verfügung? Ein wesentlicher Punkt ist die Zeit. Nachstehend finden Sie ein einfaches Gerüst als Hilfsmittel.

Fünf Schritte zum Ziel:

- Situationsanalyse
- Zieldefinition
- Maßnahmenkatalog
- Realisierung / Durchsetzung
- Kontrolle

Situationsanalyse

Die Situationsanalyse erfasst sowohl globale als auch regionale Gegebenheiten. Erfasst werden Absatz, Umsatz, Ergebnisbeitrag einzelner Produkte, Produktgruppen und des gesamten Verkaufssortiments. Primäres Ziel des gesamten Planungsprozesses ist es, die Zukunft nicht dem Zufall zu überlassen.

Für eine detaillierte Analyse können folgende Fragen relevant sein:

- Welchen Umfang, Größe und Ausgewogenheit hat das Sortiment? Wie sind die ABC-Positionen der einzelnen Produkte im Gesamtsortiment?
- Welche Vorteile und Risiken stellen die einzelnen Produktgruppen für die Zukunft dar?
- Wie sieht das Kundenanforderungsprofil bei den einzelnen Produkten und den Produktgruppen aus?

Zieldefinition

Die Zieldefinition zählt zu den wichtigsten Punkten einer Unternehmensstrategie. Ziele in ihrer Gesamtheit entscheiden über den Erfolg der Planung. Unter diesem Aspekt müssen generelle Ziele festgelegt und mit strategischen Alternativen verbunden sein.

Zum Beispiel:

- Marktsegmentierung und die damit verbundenen Abnehmer- und Zielgruppen
- Verarbeitungsverfahren
- Ausstattung der Produkte
- Entwicklungsmöglichkeiten
- Werbemaßnahmen

Welche Differenzierungsmerkmale können den Erfolg positiv beeinflussen und eventuell auch beschleunigen? Wichtig ist, die Produkte nach dem ABC-System auf ihre Gewinnmargen zu überprüfen.

Welche gewinnstarken Produkte können wie gepusht werden?

Meilensteinkonzepte für Produkte wie auch Prozessabläufe sind Leitgedanken für einen geordneten Arbeitsprozess. Zeit ist als wichtiger Einflussfaktor bei der Zieldefinition zu berücksichtigen. Ein weiterer Meilenstein für die Zielerreichung ist die Zielabsprache mit allen beteiligten Mitarbeitern. Nach dem Grundsatz „Information ist Motivation" kennen und verstehen alle die unternehmerische Vision, die mit der Zielerreichung verbunden ist. Schon oft sind unternehmerische Vorhaben gescheitert, weil das Ziel nur auf dem Papier existierte. Es im Team zu kommunizieren wurde unterlassen und war dadurch zwangsläufig zum Scheitern verurteilt.

Maßnahmen

Die Maßnahmen bestehen aus einem Marketingmix, in dem Produkt-, Preis-, Kommunikations- und Distributionspolitik zusammenfließen. Wichtig ist, dass die einzelnen Punkte klar definiert sind. Außerdem sind die Zuständigkeiten festzulegen. Der Informationsfluss zwischen den Verantwortlichen muss jederzeit gesichert sein. Ein deckungsgleicher Wissensstand ist die Voraussetzung dafür, dass alle Maßnahmen kontinuierlich greifen.

Realisierung / Durchsetzung

Hier können alle bisherigen Maßnahmen und Realisierungen erneut initiiert und gepusht werden. Alle Aktivitäten sind als Ziel definiert und zeitlich fixiert. Ein entscheidender Punkt ist die konsequente Kommunikation mit allen Beteiligten. Sollte sich in dieser Kette eine Schwachstelle zeigen, sind unterstützende Maßnahmen notwendig.

Kontrolle

Ständige Überwachung der Zielerreichung ist notwendig, das heißt: regelmäßige Situationsanalysen. Bei nicht Erreichen der

Vorgaben sind entsprechende Maßnahmen einzuleiten. In diesem Zusammenhang sind die definierten Ziele als ganzheitliche Aktivität zum Markt hin zu bewerten. In eine Kontrolle ist die Dokumentation integriert. Alle Informationen werden zentral erfasst, sind allen Beteiligten zugänglich und werden situativ ergänzt.

Ziele sind Erwartungen, die das Bedürfnis haben, sich zu verwirklichen.

4.2 Formen des Marketings

Marketing wird unterschiedlich definiert. Es existieren sicherlich über zehn verschiedene Interpretationen. Trotzdem haben wir die Möglichkeit, eine Grundsatzaussage festzulegen. Das Ziel von Marketingaktivitäten unterliegt der unternehmerischen Willensbildung, übergeordnete Unternehmensziele zu definieren. Es ist somit eine Strategie, die in ein sinnvolles System eingebettet ist. Gelebtes Marketing entwickelt eine Dynamik, die alle Unternehmensbereiche erfasst. Die Wertschöpfungskette vom Beschaffungsmarketing bis hin zu den Vertriebsaktivitäten wird als ganzheitliches System verstanden und gesteuert.

Nachstehend finden Sie wichtiges Grundlagenwissen. Viele hervorragende Praxiserfahrungen lassen sich damit genau zuordnen.

Die einzelnen Segmente können getrennt oder als Mix behandelt werden. Auch ist es einfacher, Vergleichsanalysen, Marktuntersuchungen, z. B. im Zusammenhang mit Wettbewerbern spezifisch durchzuführen. Ein wichtiger Punkt ist, alle Marktwerte schriftlich zu fixieren, realistische Maßnahmen zielorientiert einzuleiten und konsequent am Erfolg zu arbeiten.

Die Wirtschaftsaktivitäten sind verschiedenen Marktsegmenten zugeordnet. Mit der Teilung in verschiedene Bereiche werden zwangsläufig auch unterschiedliche Betrachtungen verlangt. Die drei Grundformen sind:

- Konsumgütermarketing
- Investitionsgütermarketing
- Dienstleistungsmarketing

Diese Grundformen lassen sich in vier Marketinginstrumente teilen. Diese Marketinginstrumente werden nachfolgend grob beschrieben.

1. Produktpolitik
2. Preispolitik
3. Kommunikationspolitik
4. Distributionspolitik

Produktpolitik

Zurzeit können wir beobachten, dass die Industrie sich sehr stark auf die sogenannten Kernkompetenzen beschränkt. Hier ist das notwendige Know-how vorhanden, um trotz aller Schwierigkeiten im Markt erfolgreich zu sein. Die nachfolgenden Begriffe sind fester Bestandteil einer Marktstrategie. Es gilt der Grundsatz, dass die damit verbundenen Kontrollen und notfalls Verbesserungskonzepte geprüft werden. Was gilt es zu verbessern, bzw. welche Entscheidungen müssen getroffen werden, um die Unternehmensziele auf hohem Niveau zu realisieren?

- Sortimentspolitik
- Produktgruppen
- Diversifikation

- Produktinnovationen, marktgerechte Entwicklung neuer Produkte
- Wachstumssicherung durch Gewinnziele
- verbesserte Wettbewerbssituation
- Risikostreuung
- Kapazitätsauslastung
- ergebnisorientierte Produktbereinigung
- Produktspezialisierung mit dem Ziel der verbesserten Rentabilität
- Verpackungspolitik
- Markenpolitik

Preispolitik

Preispolitik verlangt grundsätzliche strategische Entscheidungen, z. B. für eine Hoch- oder Niedrigpreispolitik. Detailwissen über die jeweilige Marktsituation ist dabei unabdingbar.

Kommunikationspolitik

Die Kommunikationspolitik erfasst alle Botschaften, die ein Unternehmen erkennbar macht. Die Qualität dieses Informationsflusses entscheidet über die Durchsetzung aller vom Unternehmen ausgehenden Aktivitäten.

- Werbung
  Werbestrategie, Mediamix, Werbebudget
- Verkaufsförderung
  Gutscheine, Proben, Preisausschreiben, Werbezuschuss, Displaymaterial, Händlerlistenförderung, Prämien, Schulungen

- Öffentlichkeitsarbeit
  Public Relations, Zielgruppen, Imagebildung, Corporate Design, Corporate Identity, Sponsoring
- Persönlicher Verkauf
  Verkäufer, Außendienstmitarbeiter, Produktpräsentationen, Verkaufs- und Beratungsgespräche

Distributionspolitik

Die Distributionspolitik erfasst alle Aktivitäten, mit denen die Leistungen eines Unternehmens in die verschiedensten Pipelines des Marktes transportiert werden.

- Standortwahl
- Absatzwege
- Absatzmittler
- Verkaufsorganisation
- persönliches Verkaufen, Reisende, Handelsvertreter
- Telefonmarketing
- Absatzdurchführung, Logistik

Wenn Sie in Ihrem Unternehmen mit Marketing Berührung haben, beantworten Sie bitte die folgenden Fragen und entwickeln Sie daraus ein für Sie sinnvolles Resümee.

Was wissen Sie über Ihre Wettbewerber? Schreiben Sie sieben Konkurrenten auf und machen Sie ein Ranking. Welche Position hat Ihr Unternehmen? Warum dieser Platz?

In welche Länder liefern Sie weltweit? Was wissen Sie über diese Länder, z. B. Einwohnerzahl, Infrastruktur, Marktpotenziale? Wie viel Prozentanteile des vorhandenen Potenzials nutzen Sie?

Kennen Sie die Altersstruktur Ihrer Produkte? Welche Ihrer Produkte haben den Break-Even-Punkt überschritten?

Mit welchen Produkten machen Sie ca. 70 % Absatz/Umsatz? ABC-Analyse

Welche oben aufgelisteten Produkte erbringen das höchste Ergebnis?

Was verstehen Sie unter einer Marktanalyse? Welche Kriterien sind zu erfüllen?

Welches sind die wichtigsten Aufgaben einer Marketingabteilung? Welche interne Vernetzung ist ein absolutes Muss?

5 Verkaufspsychologie

Bei einem Verkaufsgespräch treten der Berater und der Kunde in eine direkte Beziehung zueinander. Dabei wird der Gesprächspartner nicht nur als potenzieller Kunde, sondern auch als Mensch wahrgenommen. Beides ist untrennbar miteinander verbunden. Solange sich zwischen den Gesprächspartnern keine emotionale Beziehung aufbaut, wird das Gespräch für beide Seiten schwierig. Ein rein sachorientierter Informationsaustausch bewirkt keine emotionale Bindung. Diese geistig-seelische Verbindung beginnt schon oft mit der Begrüßung. Ein fester Händedruck, ein klarer aufrichtiger Augenkontakt und eine positive, selbstbewusste, aber auch Verbindlichkeit ausstrahlende Körperbotschaft beeinflussen diese zwischenmenschlichen Prozesse. Jegliche Form von Arroganz, aber auch devotes Verhalten, wirkt auf den Gesprächspartner abweisend.

Eine der wichtigsten Voraussetzungen für erfolgreiche Gespräche ist eine positive, offene sowie von Achtung und Respekt getragene Einstellung zu allen Menschen. Dies hindert uns aber nicht daran, unsere Botschaft authentisch zu vermitteln und auch kritische Punkte anzusprechen.

Es wird sehr oft vom „idealen Verkäufer" oder auch vom „geborenen Verkäufer" gesprochen. Diese Aussage müssen wir in Frage stellen. Sicherlich gibt es Persönlichkeiten, die „von Natur aus" über bestimmte Skills verfügen. So sind zum Beispiel Freude an der Arbeit, Humor, Schwierigkeiten als einen natürlichen zwischenmenschlichen Prozess zu betrachten, gute Voraussetzungen. Lange galt im Verkauf das Vorurteil, dass Ingenieure und Techniker keine guten Kundenberater sein können. Heute hat sich diese Meinung grundlegend geändert. Über das Fachwissen hinaus bringen Techniker oft ein natürliches, ehrliches und unkompliziertes Verhalten mit. Dies sind Eigenschaften, die von den Kunden geschätzt werden. Dass eine Persönlichkeit, die bereit ist sich den Herausforderungen des Marktes zu stellen über entsprechende Trainings das Rüstzeug bekommt, das zu einem erfolgreichen Verkaufsberater gehört, ist selbstverständlich. Gut ausgebildet sein bedeutet, die wesentlichen Vorgänge beim Verkaufsgespräch steuernd beeinflussen und damit die Erfolgswahrscheinlichkeit erhöhen zu können. Darum bezeichnen wir das Verkaufsgespräch als Überzeugungsvorgang auf vier Ebenen zwischen Berater und Kunden.

Sympathie	→	Gefühlsebene
Logik	→	Verstandesebene
Produktnutzen	→	Fachwissen
Autorität	→	Willenseben

Es ist zwingend notwendig, dass alle vier Ebenen in einem Verkaufsgespräch zur Wirkung kommen. Vielleicht kennen Sie einen Verkäufer, der durch seine sympathische Erscheinung auf Anhieb Kontakt schafft. Er hat gute Fachkenntnisse über sein Produkt, kennt die Vorteile für seine Kunden und trotzdem ist er nicht erfolgreich. Warum nicht? Vielleicht hat er nur Angst, nach dem Auftrag zu fragen.

Ein anderer Verkäufer tritt energisch auf, hat exzellente Produktkenntnisse, überwindet aber nicht die Sympathieschwelle und kommt so zu weniger Aufträgen.

Nur wenn zwei Menschen auf der Gefühlsebene miteinander im Einklang stehen, können sie sich sachlich unterhalten. Das bedeutet in der Praxis: Wir können erst dann das Verkaufsgespräch mit dem Ziel des Abschlusses führen, wenn wir dem Kunden zumindest auf der Gefühlsebene begegnen.

5.1 Verkaufserfolge

Viele erfahrene Verkäufer, aber auch Anfänger dieses Berufs, stellen sich folgende Frage: Woran liegt es, dass es sehr erfolgreiche Verkäufer gibt, die scheinbar unbeeinflusst vom Lebensalter, vom technologischen Wandel und von den gesellschaftspolitischen Veränderungen hervorragende Geschäfte abschließen? Warum sinken andere nach einer Reihe von erfolgreichen Jahren in die Mittelmäßigkeit ab? Warum sind manche als Verkäufer gar nicht erfolgreich? Dies hat im Wesentlichen drei entscheidende Gründe.

Die eigene Methode

Gerade die routinierten und erfahrenen Verkäufer glauben, dass ihre eigene, über lange Jahre erfolgreich angewandte Methode die einzig richtige sei. Sie lassen sich nicht gerne von anderen Vorgehensweisen überzeugen, denn sie hatten ja früher Erfolg. Warum sollten Sie also etwas ändern und neue Vorgehensweisen ausprobieren? Verkaufen ist ein dynamischer Prozess, der sich ständig ändert.

Möglicher Misserfolg und dessen Ursachen werden in vielen Fällen anderen zugeschoben, sei es den Kunden, den Vorgesetzten, den Produkten oder Preisen. Häufig sucht man die Schuld für den Misserfolg nicht bei sich selbst. Aber gerade die Fähigkeit, Selbstkritik zu üben, ist eine Chance, die Ursachen für eigene Fehler zu finden.

Menschenkenntnis

Erfahrene Verkäufer haben eine gute Menschenkenntnis. Die Voraussetzung der Menschenkenntnis ist die Selbsterkenntnis. Erst dann, wenn wir das eigene Verhalten analytisch und ehrlich bewerten können, werden wir ein verändertes Verständnis für andere Menschen entwickeln. Hinzu kommt der Schatz an Erfahrungen, die ein Mensch täglich sammeln kann. Auch hier ist wieder die Bereitschaft entscheidend, sich mit den vielen positiven aber auch negativen Erlebnissen auseinanderzusetzen. Trotzdem werden Sie in der Berufswelt immer wieder Überraschungen erleben, die nur schwerlich einem bestimmten Menschen zuzuordnen sind.

Sie sind sehr oft davon überzeugt, einen Kunden richtig einzuschätzen, ihn zu kennen und demzufolge auch richtig zu behandeln. Wie oft kam es vor, dass man sich eingestehen musste: „Ich habe von Herrn X alles erwartet, nur das nicht!" Fehleinschätzung? Oft steht aber die eigene Selbstüberschätzung dem Verständnis für den Kunden im Wege.

Die Antwort lautet: Als Verkäufer muss man den Kunden überzeugen können. Aber wie wird man überzeugend? Um überzeugen zu können, muss man selbst überzeugt sein. Und zwar überzeugt von seinem Unternehmen, überzeugt von seinem Produkt und vor allen Dingen überzeugt von sich selbst. Diese Überzeugung schafft die Grundlage zu einer erfolgsorientierten Begeisterung. Und diese Begeisterung ist der Motor, der einem auch über mögliche Misserfolgssituationen hinweghilft.

Der Verkäufer muss davon überzeugt sein, dass er der richtige Mann ist, diese Produkte zu verkaufen und das Unternehmen vor den Kunden zu vertreten. Ein Verkäufer profitiert von einem Unternehmen, das Ansehen und Vertrauen genießt. Das Selbstwertgefühl wird gestärkt und die Selbstsicherheit erhöht. Aber gerade dieses Ansehen und Vertrauen, welches dieses Unternehmen genießt, will täglich neu bestätigt werden. Daraus entsteht eine Verpflichtung. Eine Verpflichtung den Kunden gegenüber.

Was bedeutet Selbstvertrauen des Verkäufers?

Ein Verkäufer, der daran glaubt, dass er mit seiner Aufgabe dem Kunden einen Dienst erweist, ist von sich selbst überzeugt und entsprechend erfolgreich.

Selbstvertrauen wird mit dem Beherrschen einer Aufgabe erzeugt. Wer jedoch zu zweifeln beginnt, dass er einem Kunden einen Dienst erweist, der kann nicht von seiner Aufgabe überzeugt sein und auch selbst nicht mehr überzeugen. Wenn bei einem Kunden von Anfang an damit gerechnet wird zu scheitern, fehlt jede Überzeugungskraft und auch die Begeisterung.

Beschäftigen Sie sich vor dem nächsten Besuch nicht mit zurückliegenden Misserfolgen, sondern konzentrieren Sie sich auf die Möglichkeit, dass der Kunde Ja sagen wird.

Was ist Verkaufen? Sicher keine Hexerei. Verkaufen ist so alt wie die Menschheit selbst. Irgendjemand versuchte irgendetwas irgendwem zu verkaufen. Es gibt wenige Grundsätze, die Sie kennen sollten, um in Verkaufsgesprächen erfolgreicher zu sein.

Ein Produkt ist an sich ein toter Gegenstand. Es wird dann interessant, wenn dem Kunden deutlich gemacht werden kann, durch welche Eigenschaft es ihm dient und welche Wünsche es befriedigen wird. Sie verkaufen nicht das Produkt, sondern Ideen und Bedürfnisse:

- Ersparnis
- Sicherheit
- Zweckmäßigkeit
- Bequemlichkeit
- Zukunft
- Erfolg
- Prestige

Wichtig zu wissen ist, dass die Idee, die im Zusammenhang mit einer Ware angeboten wird, von Kunde zu Kunde unterschiedlich sein kann.

Während in einem Fall ein PC für einen Kunden eine Frage der Informationsspeicherung ist, kann er in einem anderen Fall für den Kunden das schnellere Schreiben und Formatieren von Schriftstücken bedeuten.

Diese Auslegung unterscheidet zwischen dem eigentlichen Verkauf und der Kundenabfertigung, d.h. der Warenverteilung. Beim Verkauf liegt das ganze Gewicht bei der Überzeugung. Es ist völlig unerheblich, was der Verkäufer im Einzelnen verkauft, ob es sich dabei um ein Produkt oder um eine Dienstleistung handelt, entscheidend bleibt, dass er den möglichen Kunden von einer Idee überzeugt.

5.2 Der professionelle Verkäufer

Ein Verkäufer ist ein Berater, außerdem ist er ein Beziehungsmanager. Psychologisch betrachtet ist es seine primäre Aufgabe, den Kunden erfolgreich zu machen. Menschen, die wir erfolgreich machen sind immer gewillt auch ihrem Partner den Weg des Erfolgs zu gönnen. Ganz sicher muss ein Verkäufer ein gleichberechtigter, geachteter Gesprächspartner sein. Ein Gesprächspartner, der seinem Kunden aus Schwierigkeiten und Problemen hilft.

Sie als Verkäufer müssen in der Lage sein, die Probleme und die Herausforderungen Ihrer Interessenten und Kunden herauszuarbeiten und dem Kunden eine praktikable Lösung für sein Problem anzubieten.

Merkmale eines Verkäufers

Sicher kennen Sie eine Reihe von Kollegen, die Sie für typische Verkäufer halten mögen. Aber dennoch, bei genauerem Hinsehen wird man feststellen, dass es doch eine ganze Reihe sehr wesentlicher Unterscheidungsmerkmale in den verschiedenen Persönlichkeiten gibt. Richtig ist, dass man ganz bestimmte typische Persönlichkeitsmerkmale in einem Verkäufer häufiger antrifft als in irgendeinem anderen Beruf. Dies sind zum Beispiel:

- Kontaktfähigkeit
- Redegewandtheit
- Fachkompetenz
- Überzeugungskraft
- Begeisterungsfähigkeit
- Einsatzfreude
- Wille zum Erfolg

Aber im Prinzip ist es gar nicht wichtig zu wissen, welche typischen oder untypischen Eigenschaften ein Verkäufer hat oder haben sollte. Viel wichtiger ist zu wissen, wo sind Ihre eigenen Stärken, die Sie in die Lage versetzen, eine positive Beeinflussung mit Ihren Kompetenzen vorzunehmen. Bewahren Sie sich dabei auch die Bereitschaft, Selbstkritik zu üben. Machen Sie aus Schwächen Stärken.

Nachstehend finden Sie Matrixblätter, die Ihnen die Möglichkeit geben, eine Selbsteinschätzung vorzunehmen. Einmal wird Ihr verkäuferisches Verhalten auf der psychologischen Ebene erfasst und zum anderen können Sie Ihr Verhalten auf der physischen Ebene mitbewerten. Werden Sie sich dabei bewusst, dass die Körpersprache einen wesentlichen Anteil an Ihrer erfolgreichen Verkaufsstrategie hat.

Lassen Sie im Nachgang eine Fremdeinschätzung vornehmen und vergleichen Sie selbstkritisch die Abweichungen.

Selbsteinschätzung

Verkauf Industrie

In welchem Bereich der Werteskala sehen Sie sich?

Eigenschaften	0	1	2	3	4	5	6
Begrüßungsphase							
Lockerheit, Ungezwungenheit							
Gesprächseinstieg							
Bedarfsanalyse							
Zuhören können							
Produktvorteile, Darstellung							
Serviceleistungen einbringen							
Einwandbehandlung							
Argumentationsfähigkeit							
Abschlusssicherheit							
Verabschiedung							
Selbstbewusstsein							
Überzeugungskraft							
Begeisterungsfähigkeit							
Einfühlsamkeit							
Ehrlichkeit							
Zuverlässigkeit							
Kreativität							

Sie haben neben den Kriterien eine Bewertungsskala von 0–6. Die 0 bedeutet, dass Sie diese Eigenschaft nur minimal besitzen. Bei 6 ist eine Steigerung fast nicht mehr möglich.

Selbsteinschätzung

Verkauf Industrie, Körpersprache

In welchem Bereich der Werteskala sehen Sie sich?

Körpersprache	0	1	2	3	4	5	6
ruhig und gelassen							
Zuwendung, Beachtung							
Augenkontakt, Begrüßung							
Händedruck							
Sitzhaltung: gerade							
Hände auf dem Tisch							
Gestik: ruhig und kontrolliert							
Augenkontakt							
Mimik: offen und freundlich							
Sprache: laut und deutlich							
Erscheinungsbild, Kleidung							
Hygiene							
Haare							
Mundgeruch							
Gesamteindruck							

Ca. 65 % unserer Kommunikation ist Körpersprache. Schätzen Sie Ihre Körpersprache kritisch ein. Erhöhen Sie Ihre Sensibilität für das eigene Auftreten und beobachten Sie sich.

Selbsteinschätzung

Verkauf Einzelhandel

In welchem Bereich der Werteskala sehen Sie sich?

Eigenschaften	0	1	2	3	4	5	6
auf Kunden zugehen							
Kunden begrüßen							
höflich, freundlich, hilfsbereit							
Bedarfsanalyse erfragen							
Zuhören können							
Produktnutzen-Argumentation							
Produktpräsentation							
Einwandbehandlung							
Verbundverkauf							
Abschlusssicherheit							
Verabschiedung							
Selbstbewusstsein							
Überzeugungskraft							
Begeisterungsfähigkeit							
Einfühlsamkeit							
Ehrlichkeit							
Zuverlässigkeit							
Kreativität							

Sie haben neben den Kriterien eine Bewertungsskala von 0–6. Die 0 bedeutet, dass Sie diese Eigenschaft nur minimal besitzen. Bei 6 ist eine Steigerung fast nicht mehr möglich.

Selbsteinschätzung

Verkauf Einzelhandel, Körpersprache

In welchem Bereich der Werteskala sehen Sie sich?

Körpersprache	0	1	2	3	4	5	6
Stand, Fußstellung							
Haltung zum Kunden							
Augenkontakt zum Kunden							
Mimik, offen und freundlich							
Gestik, Arme und Hände							
Sprache, laut und deutlich							
Erscheinungsbild, Kleidung							
Hygiene							
Haare							
Mundgeruch							
Kaugummi							
Gesamteindruck							

Sie haben neben den Kriterien eine Bewertungsskala von 0–6. Die 0 bedeutet, dass Sie diese Eigenschaft nur minimal besitzen. Bei 6 ist eine Steigerung fast nicht mehr möglich.

5.3 Interaktionen – der Weg zum Erfolg

Ein Verkaufsgespräch lebt von der Wechselwirkung zwischen Kunde und Berater. Diese wechselseitige Beeinflussung von verbalen Äußerungen und nonverbalen Signalen bezeichnet die Psychologie als Interaktion. Das Verkaufsgespräch ist also eine Interaktion zwischen Verkäufer und Kunden. Eine offene

Methodik hat Einfluss auf die angestrebte, positive Beziehung. Ihr Verkaufserfolg hängt im Wesentlichen von einer auf Verständnis ausgerichteten Interaktion zwischen Ihnen und Ihrem Gesprächspartner ab.

> *Diese Interaktion findet auf der Gefühls-, Verstandes-, Fach- und Willensebene statt.*

Gefühle kann man nicht befehlen oder anordnen. Wie man sich auf andere Menschen einstellen kann, wie man sich mit ihren Problemen identifiziert, ist eine Frage der eigenen Persönlichkeit und der inneren Einstellung. Sie haben sicher ein umfangreiches persönliches Erfahrungsarchiv wie Sie am besten mit unterschiedlichen Menschen auskommen. So werden Sie die nachfolgenden Regeln geschickter Menschenbehandlung sicher auch bereits beherzigen:

- Zeigen Sie eine positive Einstellung zu Ihrem Gesprächspartner.
- Hören Sie aktiv zu.
- Lassen Sie ihn ausreden, unterbrechen Sie ihn nicht.
- Zeigen Sie Interesse an der Lösung seiner Probleme.
- Der wichtigste Mensch ist immer Ihr Gesprächspartner.
- In Gedanken sind Sie bereit, Ihren Partner erfolgreich zu machen.

Die Motivation des Kunden

Sie alle wissen, was Verkaufen bedeutet. Ihre Kunden kaufen ein Produkt oder eine Dienstleistung, wenn sie das Gefühl haben, dass sie die von Ihnen angebotene Leistung benötigen. Das heißt für Sie als Verkäufer: Sie müssen wissen, was der Kunde braucht. Demnach braucht der Verkäufer Informationen über seinen Partner, über seine Beweggründe und seine Einstellungen, über seine Organisation und seine Probleme. Mit diesen Informationen hat er eine Basis für eine gezielte Überzeugungsarbeit, sprich für ein gezieltes Verkaufsgespräch. Immer, wenn man sich mit dem Verhalten eines Partners auseinandersetzt, begibt man sich auf das Gebiet der Psychologie. Wir wollen uns aber nur mit den psychologischen Grundtatsachen auseinandersetzen, die für Ihre tägliche Arbeit wichtig und praktikabel sind.

Jede menschliche Entscheidung ist einer Reihe von unterschiedlichen Motiven unterworfen. Alle diese verschiedenen Motive können Sie jedoch in zwei große Kategorien einteilen.

- emotional - Gefühlsebene
- rational - Willensebene

Grundsätzlich neigt man dazu, die Bedeutung des Rationalen zu überschätzen. Die eigentlichen vitalen Antriebskräfte des Menschen liegen jedoch im Emotionalen. Man muss also davon ausgehen, dass bei jeder Entscheidung das Emotionale stark beteiligt ist. Daher ist für Sie als Verkäufer von entscheidender Bedeutung:

1. Die Motive des Kunden kennen.
2. Wie können Sie diese Motive beim Kunden ansprechen?
3. Wie können Sie diese Motive für Ihren Verkaufserfolg nutzen?

Welche Motive des Kunden sind für eine erfolgreiche Beratung zu berücksichtigen?

- Gewinnstreben
- Prestige – Geltungsbedürfnis
- Erfolg – beruflicher Aufstieg, Karriere, Ansehen
- Gute menschliche Beziehungen – Hilfsbereitschaft
- Notwendigkeit

- Bedarf
- Erfüllung der unternehmerischen Vorgaben
- Risikobereitschaft – Neugierde, Interesse an neuen Dingen
- Angst vor falscher Entscheidung – keine Risikobereitschaft, Angst vor Misserfolg
- Unbeweglichkeit, Gleichgültigkeit
- Gutes Arbeitsklima – Zufriedenheit der Mitarbeiter, sicherer Arbeitsplatz

Diese Beweggründe sind sicher von Gesprächspartner zu Gesprächspartner verschieden. So wird beispielsweise ein Firmenchef eventuell von Gewinnstreben oder Prestige geleitet, der Organisationsleiter aber vielleicht von der Angst, eine falsche Entscheidung zu treffen. Möglicherweise ist er auch an einem guten Arbeitsklima in seinem Bereich interessiert. Entscheidend ist, wie gut wir uns in eine Kundensituation bzw. in den Gesprächspartner hineinversetzen können.

Dies bedeutet für uns: Unterschiedliche Motive erfordern unterschiedliche Vorgehensweisen. Wichtig ist, die richtigen Fragen zu stellen und gut zuzuhören.

Motive erkennen

Das ist in der Tat schwierig. Denn der Kunde sagt uns nicht: „Ich bin zu träge, mich mit Ihrem Vorschlag zu befassen." Er nennt uns seine wahren Gründe nicht. Er wird nach Vorwänden suchen, die in den Ohren der meisten Menschen absolut verständlich und glaubhaft klingen, z. B.:

- „Wir sind mit unseren Lieferanten zufrieden."
- „Wir haben keine Mittel mehr frei."
- „Kommen Sie doch im nächsten Jahr wieder."
- „Das ist mir zu teuer."

Solche Formulierungen begegnen uns täglich. Dieses Umwandeln eines Motivs in eine oft logisch erscheinende Aussage bezeichnet man in der Psychologie als den Vorgang der Rationalisierung. Der Kunde verkleidet einen gefühlsmäßigen Grund in einer sachlichen Aussage. Wie erkennen wir nun aber die wahren Motive? Was ist der Schlüssel zum Kunden?

Wirkungsvolle Verkaufsargumentation

Eine Verkaufsargumentation ist eine Aussage, die den Zweck hat, den Partner in eine bestimmte Richtung zu führen. Zum Beispiel in einem Verkaufsgespräch Produkteigenschaften nennen, die dem Kunden Vorteile bringen. Ihre Argumente müssen demnach auf die jeweilige Situation zugeschnitten sein. Nur so erzielen Sie die gewünschte Wirkung, wie Interesse wecken und einen Abschluss vorbereiten. Sie werden sich daher überlegen, welche Argumente brauchbar sind. Betrachten Sie ein Verkaufsgespräch als eine Kette von gezielten, zugfähigen, auf die jeweilige Situation zugeschnittenen Argumenten. Nur wenn sämtliche Argumente dieser Kette den Kundenbedürfnissen entsprechen, ist das geplante Ziel, nämlich der Abschluss, erreichbar. Der erste Leitsatz für eine wirkungsvolle Argumentation lautet demnach:

> *Der Inhalt Ihrer Argumente muss zu den Zielen, Interessen und Bedürfnissen Ihres Kunden passen.*

Die Gedanken des Kunden

Nehmen wir zur Verdeutlichung ein Beispiel aus Ihrer täglichen Praxis als Kunde: Beim Einkauf eines Anzuges sagt Ihnen der Verkäufer: „Dieser Anzug ist knitterarm." Das sagt Ihnen nicht allzu viel. Sie werden jedenfalls nicht angeregt, Ihre Gedanken in eine bestimmte Richtung zu lenken. Er steuert Ihr Denken nicht. Sagt der Verkäufer aber: „Dieser Anzug ist knitterarm; d. h. für Sie als Außendienstler, dass auch nach 200 km Autofahrt keine Druckfalten Ihr Jackett verunzieren und Sie bei Ihren Kunden eine gute Figur machen.". Dann hat er Ihre Gedanken in seinem Sinne gelenkt. Er hat Ihnen den konkreten Nutzen aufgezeigt. Ihnen sind die Vorteile deutlich geworden.

Dialoge wirkungsvoll steuern

Ein Beratungsgespräch ist gut, wenn die Gesprächsanteile gleichmäßig verteilt sind. Dies gilt als Faustregel, muss aber nicht immer stimmen. Wichtig ist, dass Sie auf diese Gesetzmäßigkeit achten.

Was kaufen Menschen, wenn sie kaufen?

Der Mensch hat für seinen Überlebenskampf bestimmte Bedürfnisse. Diese Urbedürfnisse sind schlafen, trinken, essen. Wenn ein Mensch Hunger hat und er Entscheidungsmöglichkeiten hat, wird er das kaufen, was ihm gut schmeckt. Ebenso trifft dies beim Trinken zu. Komplizierter wird es für ihn, wenn er längere Zeit schlecht schläft, aber auch hier wird er nach einer Lösung suchen, die auf jeden Fall seinem Wunsch und seinem Bedürfnis entspricht. Spannender wird es, wenn wir die Erwartungen der Menschen auf der psychologischen Ebene darstellen. Dann wissen wir, dass seine primären Bedürfnisse folgendermaßen aussehen:

- Geltungsbedürfnis
- Akzeptanz
- Achtung und Respekt
- Anerkennung
- Sicherheit
- Bequemlichkeit

Diese sechs Punkte können sich je nach Lebenssituation ändern, haben jedoch für alle Menschen eine grundsätzliche

Bedeutung. Ein Berater, der aufgrund seines positiven Verhaltens einige dieser Erwartungen erfüllt, wird in den häufigsten Fällen als Sieger aus einer Verhandlung herausgehen.

In jedem Beratungsgespräch ist es wichtig, dass der Beziehungsmanager genau die Erwartungen und Bedürfnisse des Gesprächspartners trifft, die für ihn den höchstmöglichen Nutzen haben. In einem guten Beratergespräch ist eine emotionale Ebene geschaffen worden, auf der Vertrauen aufgebaut wurde. Der Geschäftspartner sieht in der Leistung bzw. dem Produkt Vorteile für sich und sein Unternehmen. Der persönliche Vorteil kann darin liegen, die gekauften Vorteile so gegenüber seinem Umfeld zu vermitteln, dass das persönliche Prestige wächst. Für das Unternehmen kann dies bedeuten, z. B. weniger Lagerhaltung, schnellerer Durchlauf an Maschinen, gesicherte Transportmöglichkeiten.

Wer die Bedürfnisse eines Menschen erkennt und auf sie eingeht, wird ihn glücklich und erfolgreich machen!

5.4 Verhandlungsstrategien

In verschiedenen Seminaren mit der Verpackungsindustrie wurden von den Teilnehmern folgende Fragen erarbeitet. Es dürfte für Sie nicht schwierig sein, diese Fragen auf die von Ihnen zu vertretenden Produkte zu übertragen.

1. Produktbezogene Fragen

- Welche Produkte möchten Sie verpacken?
- Welche Stabilität der Verpackung benötigen Sie, um den richtigen Schutz Ihrer Ware zu gewährleisten?
- Welches ist für Sie der optimale Verschluss?
- Wie ist der Aufbau Ihrer zurzeit eingesetzten Verpackungen?

- Wie können wir Ihre Innenverpackung optimieren?
- Wie ist eine Verpackungsoptimierung durch Änderung des FEFCO-Codes möglich?

2. Organisatorisch orientierte Fragen

- Wann können wir bei Ihnen anliefern?
- Welche Serviceleistungen setzen Sie voraus?
- Welche Hilfe erwarten Sie von uns?
- Welche Lieferzeiten setzen Sie voraus?
- Wie verpacken Sie Ihre Produkte?
- Wie können Sie Ihre Verpackungsabläufe optimieren?
- Welche Produkte verpacken Sie in diesen Kartonagen?
- Welche Vorteile hat unser neuestes Verpackungskonzept für Sie?
- Wann wurde das letzte Mal eine Verpackungsoptimierung durchgeführt?
- Wann dürfen wir den Probeauftrag liefern?
- Welche Menge darf mit ihrem ersten Auftrag geliefert werden?
- Wie viele Standorte haben Sie europaweit?
- Für wann können wir den nächsten Gesprächstermin vereinbaren?

3. Qualitätsbezogene Fragen

- Welche Anforderungen haben Sie an die Qualität unserer Verpackungen?
- Mit wie viel Farben soll der Karton bedruckt sein?
- Welche Qualität wird bei Ihnen zurzeit eingesetzt?

- Welche Verschlussart wünschen Sie?
- Wie hoch ist das Gewicht der gefüllten Kartonage?
- Wie viele Kartons werden auf einer Palette übereinandergestapelt?
- Für welche Verpackungen verlangen Sie RAL-Qualität?
- Wie stellen Sie sich Ihren idealen Wellpappenlieferanten vor?

4. Verschiedene

- Was hat Sie veranlasst, bei uns anzufragen?
- Welche Möglichkeiten einer guten Zusammenarbeit sehen Sie?
- Wie hoch ist Ihr Jahresbedarf?
- In welchen Staffelmengen dürfen wir Ihnen ein Angebot vorlegen?
- Welche Vorteile müssen wir Ihnen bieten, damit Sie bereit sind, uns kurzfristig als Lieferanten zu berücksichtigen?
- Wer sind Ihre derzeitigen Lieferanten?
- Wie weit liegt unser Angebot vom Wettbewerb entfernt?
- Welche Zahlungsbedingungen erwarten Sie?
- Auf welche Serviceleistungen legen Sie besonderen Wert?
- Welche Voraussetzungen müssen wir schaffen, um mit Ihnen den Umsatz zu steigern?
- Welche Kriterien sollten wir erfüllen für eine langfristige, erfolgreiche Partnerschaft?

Positive Argumente für unsere Produkte

Die folgenden Argumente beziehen sich auf eine Wellpappenverpackung.

- umweltfreundlich
- preisgünstig
- vielseitig einsetzbar
- bekanntes Produkt
- recyclingfähig
- kurze Lieferzeiten
- vielfältige Gestaltung
- stabil
- vielseitige Einsatzmöglichkeiten
- individuelle Verpackung
- wird unterschiedlichen Qualitätsansprüchen gerecht
- einfache Herstellung
- geringer Lagerplatz
- geringes Gewicht
- schützt vielfältig das Endprodukt
- kann chemisch hergestellte Verpackungen preiswert ablösen.

5.5 Positive Einwandbehandlung

Einen Verkauf ohne Einwände gibt es selten. Wiegen Sie sich daher nicht in falscher Sicherheit, wenn Ihr Kunde keine Einwände macht. Vor allem dann nicht, wenn es zu keinem Abschluss kommt.

Begrüßen Sie Einwände und den Widerspruch. Ihr Kunde bringt Einwände, weil er Ihren Vorschlag ablehnt. Er wird erst dann akzeptieren, wenn er Zeit genug hatte, eigene Meinungen, Kritik und Bedenken dagegenzusetzen.

Welche Arten von Einwänden gibt es und wie sollen Sie darauf reagieren?

Zunächst äußert sich der Widerspruch in einer mehr oder weniger wortreichen, engagierten Aktion. Sie erfahren durch einen Einwand Einstellungen, Bedenken, Abneigungen und Bedürfnisse Ihres Kunden. Sie haben daher die große Chance, an dieser Stelle anzuknüpfen und das Gespräch weiterzuführen.

Besonders unangenehm ist das Verkaufsgespräch mit einem Kunden, der sich nicht äußert, höchstens einmal ein teilnahmsloses „Ja" murmelt. Sie sollten sich durch diese scheinbare Zustimmung nicht täuschen lassen. Ihr Kunde vermeidet es, eine abweichende Meinung zu äußern. Aber im Stillen denkt er: „Wie komme ich aus dieser Situation unverbindlich wieder heraus!"

Unausgesprochene Einwände können verschiedene Ursachen haben:

- Der Kunde hat überhaupt kein Interesse, obwohl er dem Verkäufer einen Gesprächstermin gegeben hat.
- Der Verkäufer redet zu viel und lässt den Kunden nicht zu Wort kommen.
- Der Kunde ist wortkarg.

Ein zielorientierter Dialog findet nicht statt. Sie müssen Ihren Partner aktivieren. Vor allem offene Fragen locken ihn aus seiner Passivität.

Beispiele:

- Was halten Sie von dem Produkt?
- Wie denken Sie über die Vorteile, die Ihnen das Produkt bietet?
- Welche Erfahrungen haben Sie bis heute gemacht?
- Wo sehen Sie Ansatzpunkte?

- Was meinen Sie?
- Welche Informationen wünschen Sie noch, damit ich Sie ganz überzeugen kann?

Wahrscheinlich wird sich Ihr Kunde nun äußern und seine Meinung darlegen. Diese Vorgehensweise, einen schweigenden Gesprächspartner zum Sprechen zu bewegen, bezeichnen wir auch als Aktivierungsmethode.

Geäußerte Einwände

Viele Verkäufer empfinden den Widerspruch eines Kunden als persönlichen Angriff bzw. als strikte Ablehnung ihres Angebots. Dementsprechend reagieren sie situativ verärgert. Sie setzen Argumente dagegen und zwingen ihren Gesprächspartner, seinen geäußerten Einwand zu verteidigen. Die Konsequenz daraus ist eine Verhärtung der Fronten.

Als Berater können Sie z. B. folgendermaßen reagieren:

- Ihre Aussagen sind interessant. Sie regen mich zum Nachdenken an.
- Welche Vorteile verlangen Sie von unserem Produkt?
- Zu welchem Zeitpunkt sehen Sie eine Chance, bei Ihnen einen Versuch durchzuführen?

Meistens wird sich dann Ihr Partner äußern und die Atmosphäre wird auf eine sachliche Basis zurückgeführt. Sie haben dann die Chance, mögliche Vorurteile abzubauen. Bleiben Sie in solchen Situationen immer ruhig, sachlich und verbindlich. Ihr Gesichtsausdruck sollte freundlich und verständnisvoll sein. Bedenken Sie aber auch, dass Ihre Reaktionen Ihrem Typ entsprechen müssen, damit Sie glaubwürdig wirken.

Bedarfsbezogene Einwände

Wir unterscheiden zwei Formen von bedarfsbezogenen Einwänden: Einmal die eindeutig sachlichen Einwände, die sich direkt auf Ihr Angebot beziehen und die als solche einwandfrei zu identifizieren sind.

Beispiele:

- „Sie sind zu teuer."
- „Ihr produzierender Betrieb ist zu weit entfernt."
- „Sie haben nur unpassende Gebindegrößen."

Zum anderen sind es Einwände, die aufgrund ihrer Aussage nicht eine eindeutige Definition zwischen sachlichem Hintergrund und Vorwand zulassen.

Beispiele:

- „Sie sollen große Lieferschwierigkeiten haben."
- „Angeblich haben Sie deutliche Qualitätsschwankungen."
- „Sie bevorzugen angeblich Großkunden."

Es ist das Recht eines jeden Gesprächspartners, den Widerspruch zu praktizieren, um für sich Übersicht und Klarheit zu gewinnen!

Vorwand oder sachlicher Hintergrund

Sie sollten wissen, dass Vorwände, Ausreden und Scheineinwände von durchaus sachlich erscheinenden Aussagen überlagert werden und auf Anhieb nicht zu unterscheiden sind.

Beispiele:

Sagt der Kunde „Ich habe keine Zeit", kann es durch aus sein, dass er Sie mit diesem Vorwand „abwimmeln" möchte. Andererseits kann er, aus welchen Gründen auch immer, wirklich keine Zeit haben. Sie werden den wahren Hintergrund auf Anhieb nicht erkennen. Ihre Aufgabe ist es nun, Klarheit zu schaffen. Zunächst deuten Sie Verständnis für seine Situation an und zeigen Respekt vor der Zeit Ihres Partners. Dann setzen Sie entweder ein Zeitlimit: „In 15 Minuten können Sie entscheiden, ob das Angebot für Sie vorteilhaft ist." Oder Sie fragen Ihren Partner, zu welchem Zeitpunkt es ihm besser passt und bieten eine Alternative an.

Ob seine Aussage „Ich habe keine Zeit" realistisch ist oder nur einen Vorwand darstellt, spielt für Ihre Vorgehensweise keine Rolle. Ihr Partner wird sich für eine der von Ihnen angebotenen Möglichkeiten entscheiden. Vermitteln Sie ihm auf gar keinen Fall das Gefühl, ihn bei einer Ausrede ertappt zu haben. Denn möglicherweise ist der Einwand so gemeint wie er ausgesprochen wurde, d. h. die Aussage Ihres Partners hat tatsächlich einen sachlichen Hintergrund.

Das kann mehrere Ursachen haben:

- Er fühlt sich gestört und ist zu träge, um sich mit Ihnen auseinanderzusetzen.
- Er kauft grundsätzlich beim Wettbewerber ein.
- Er traut sich nicht, seinen wahren Grund zu nennen.
- Er hat Angst vor einem Gespräch.
- Er vermutet zusätzliche Investitionen.
- Er ist nicht der Entscheider.
- Er fühlt sich durch Verkäufer-Argumente in die Enge getrieben.
- Der Verkäufer übergeht den Einwand des Gesprächspartners und lenkt den Kunden ab. Ihr Kunde wird mit ziemlicher Sicherheit entweder diesen Einwand noch einmal mit Nachdruck äußern oder er wird unterschwellig eine verstärkte Abwehrmauer gegen Sie aufbauen.

- Der Verkäufer reagiert jetzt mit massiven Gegenargumenten.
- Es entwickelt sich eine Prestigediskussion.
- Der Verkäufer resigniert und beendet das Gespräch.

Positive Verhaltensweisen:

Hören Sie aufmerksam zu. Bewahren Sie Ruhe. Drücken Sie nicht durch Mimik oder Gestik Unwillen aus.

- Legen Sie eine kurze Denkpause ein.
- Reflektieren Sie den Einwand, damit Sie den wahren Hintergrund erfahren.
- Zeigen Sie Verständnis für die Aussage Ihres Partners. Versuchen Sie zu verstehen, was er damit erreichen will.
- Zeigen Sie Alternativen auf. Geben Sie Ihrem Gesprächspartner die Gelegenheit, eine positive Entscheidung zu treffen ohne dass er dabei das Gefühl haben muss, sein Gesicht zu verlieren.

Eindeutig sachliche Einwände

Diese beziehen sich meistens direkt auf ein Angebot. Diese Einwände sind in der Regel zu begrüßen. Bedenken Sie, dass Ihr Gesprächspartner Ihren Gedanken folgen und neue Informationen erst verarbeiten muss.

Ihr Kunde hat den Wunsch nach mehr und besserer Information. Ihre Argumente beeinflussen die Denkrichtung Ihres Partners. Er wird die Inhalte Ihrer Aussagen prüfen und seiner speziellen Situation gegenüberstellen. Dinge, die er nicht verstanden hat, wird er dann als Einwand äußern. Wichtig ist, dass seine Erwartungen mit dem Nutzen des Produktes übereinstimmen.

Viele dieser Einwände werden jedoch durch den Verkäufer selbst verursacht durch:

- Behauptungen
- zu wenig fragen, zu viel reden
- zu wenig zuhören
- schlechte Vorbereitung
- unglaubwürdige Übertreibungen
- abwertende Aussagen gegenüber dem Wettbewerb
- übertriebene Selbstsicherheit
- zu wenig Verständnis für die Kundensituation

Der Verkäufer überhört den Einwand oder nimmt diesen Einwand nicht ernst. Der Kunde kann dadurch verärgert werden. Keine günstige Basis für ein erfolgreiches Gespräch.

Der Verkäufer empfindet den Einwand als massiven Angriff und reagiert ungehalten. Folge: Die Gesprächsatmosphäre verschlechtert sich.

Grundsätzlich sollten Sie sofort auf Kundeneinwände eingehen. Es gibt aber auch Ausnahmen. Die erste haben Sie bereits bei der Behandlung von unsachlichen Einwänden kennen gelernt. Schauen wir uns aber auch noch eine weitere Möglichkeit an, Einwände nicht unmittelbar zu beantworten:

Manchmal ist auch ein guter Verkäufer überfragt. Er kann auf einen Einwand keine zufriedenstellende Antwort geben. Viele Verkäufer machen dann den Fehler, krampfhaft nach einer Antwort zu suchen. Eine schlechte Antwort gefährdet aber den Verkaufserfolg; besonders wenn der Einwand ernsthafter Natur ist.

Unkenntnis eingestehen verzögert zwar manchmal den Verkaufserfolg, erzeugt in der Regel aber Respekt vor der Zuverlässigkeit des Verkäufers. Das Risiko eines Misserfolges ist dabei geringer als eine schlecht durchdachte Antwort. Versuchen Sie aber trotzdem eine zufriedenstellende Lösung zu finden, indem Sie den Einwand notieren und die Antwort später nachreichen. Sie zeigen mit dieser Methode, dass Sie Einwände nicht leichtfertig behandeln und erzielen bei Ihrem Partner ein Vertrauensplus.

Wichtig:

Vergessen Sie nicht, die versprochene Antwort schnell zu liefern!

Bedenken Sie, dass jede Verhandlung mit einem Nein beginnen kann. Seien Sie deshalb auf Kaufwiderstände vorbereitet. Jeder Gesprächspartner hat das Recht, Sie mit Ihren Argumenten abzulehnen und ein entsprechend eigenes Verhalten zu zeigen. Wenn es Ihnen gelingt, Gemeinsamkeiten zu finden und den Menschen in Ihrem Gesprächspartner anzusprechen, so werden Sie auch erfolgreich sein.

Zuweilen wird der Kunde aufhören zu reden und es tritt Stille ein. Diese Pause ist für Ihren Gesprächspartner meist wichtig, um seine Gedanken zu ordnen, ehe er über einen neuen Aspekt spricht. Durchbrechen Sie diese Stille nicht zu früh, auch wenn Sie sich anfangs unwohl dabei fühlen. Geben Sie Ihrem Kunden die Chance, den Gesprächsfaden selbst wiederaufzunehmen. Falls die Stille tatsächlich zu lange dauert, können Sie durch Wiederholung oder neutrale Fragen das Gespräch wieder in Gang bringen.

Auf einen Einwand im Sinne des Gesprächspartners richtig zu antworten, verlangt aktives Zuhören und Kontrolle des eigenen Sendungsbewusstseins!

5.6 Kunden-Reaktionen

Positive Reaktionen

Der Gesprächspartner deutet unbewusst durch Antworten oder Gesten an, dass er dem Verkäufer zustimmt bzw. nahe dem Abschluss ist. Der Partner ist jedoch noch nicht bereit, dem Verkäufer dies direkt mitzuteilen. Der Kunde lehnt sich leicht zurück und signalisiert, dass er noch weitere Nutzenargumente des Beraters erwartet.

Welche Taktik sollte der Verkäufer hier einschlagen?

Bei unbewussten positiven Reaktionen kommt der Kunde dem Ziel des Verkäufers unbewusst entgegen. Verstärken Sie die Reaktion des Kunden, bis er den Nutzen bewusst erkannt und durch Zustimmung bestätigt hat. Bieten Sie ihm zu diesem Zeitpunkt keinen anderen Vorteil an.

Durch Hilfsmittel der Präsentation oder Vorführung können die Reaktionen des Kunden verstärkt werden.

Negative Reaktionen

Der Gesprächspartner deutet dem Verkäufer unbewusst an, dass er uninteressiert und somit weit vom Abschluss entfernt ist.

Ihr Gesprächspartner ist unaufmerksam, unruhig, gedankenlos, abwesend, schaut aus dem Fenster oder unterhält sich mit anderen. Er zeigt sein Desinteresse, reagiert ablehnend, unsicher, äußert sich nicht, ist skeptisch, unterbricht eine Argumentation, bricht das Gespräch ab, hat Vorurteile.

Welche Taktik sollte der Verkäufer hier einschlagen?

Beharren Sie nicht auf dem für den Kunden uninteressanten Thema, sondern sprechen Sie einen neuen Punkt an und machen Sie damit den Kunden wieder neugierig. Erkennen Sie unbewusst negative Reaktionen sofort, sonst kann ein bewusstes negatives Verhalten beim Gesprächspartner die Folge sein. Negativ bewusste Reaktionen können ihre Ursache in der falschen Beurteilung des Kunden haben. Wenn Sie z. B. an den Kompetenzen des Gesprächspartners zweifeln, werden Sie dies auch über Ihre Körpersprache signalisieren. Mental können Sie diesen vermuteten Kompetenzmangel durch eine ehrliche Hilfsbereitschaft kompensieren. Ihre Mimik wird dann einen verbindlichen Ausdruck bekommen.

Möglichkeiten der Sondierung

- Nach welchen Kriterien wählen Sie Ihre Produkte aus?
- Welche Schwerpunkte im Einsatzbereich sind für Sie wichtig?
- Gespräch auf ein anderes Thema bringen.
- Offene Frage nach Meinung des Kunden stellen.
- Einen Vorteil anführen und nachweisen
- Referenz anführen.
- Gespräch durch richtungweisende Frage zum für Sie positiven Punkt zurückführen. Bei geäußerten Vorurteilen nicht sofort argumentieren, sondern seine Meinung respektieren und Vorurteile abbauen. Fragen, warum die kritische Haltung eingenommen wird.
- Haben Sie Verständnis. Versuchen Sie stets eine gute Gesprächsatmosphäre herzustellen. Akzeptieren Sie den Standpunkt Ihres Gesprächspartners und zeigen Sie Interesse.
- Hören Sie aufmerksam zu, unterbrechen Sie Ihren Gesprächspartner nicht und denken Sie vor Ihrer Antwort nach.

- Sorgen Sie für das Gleichgewicht der Aktivitäten. Stellen Sie Fragen und erschlagen Sie ihn nicht mit Argumenten.
- Achten Sie auf Ihren Blickkontakt. Zeigen Sie über Ihre Körpersprache Interesse. Das bedeutet, Sie haben Ihre Hände auf dem Tisch und Ihr Körper ist aufgerichtet.
- Wählen Sie eine einfache, glaubhafte Darstellung. Keine langen Schachtelsätze! Keine Phrasen! Keine Behauptungen!
- Eine positive Interaktion erreichen Sie, indem Sie sich auf das Stimmungsbild des Partners einstellen und lösungsorientierte Informationen vermitteln!

6 Gesetz der Resonanz

6.1 Beziehungsmanagement

Beziehungsmanagement hat in vielen Berufszweigen eine besondere Bedeutung gefunden. Es ist ein Begriff, den wir uns wie ein Dach über bestimmte Kriterien der Kultur, der Ethik, aber auch der Fachkompetenz vorstellen können. Eine enge Beziehung kann niemals nur über den rein fachlichen Austausch aufgebaut werden. Meistens sind alle an eine Fachkompetenz gebundenen Kriterien austauschbar. Geschäftsbeziehungen auf dieser Ebene werden sehr stark von Preisverhandlungen beeinflusst und entbehren einer emotionalen Bindung.

Eine positive langanhaltende Geschäftsbeziehung setzt emotionale Wahrnehmungen voraus. Die einfachste Basis, eine solche Bindung zu erreichen, ist das ehrliche Bedürfnis, dem Geschäftspartner mit Achtung und Respekt zu begegnen und ihn erfolgreich machen zu wollen. Viele Verhandlungspartner berücksichtigen die Bedeutung der emotionalen Ebene zu wenig. In einer persönlichen Begegnung spüren Sie sehr schnell, ob die andere Person Sie achtet und respektiert oder nicht. Sobald eine Ablehnung wahrnehmbar ist, kommt der Dialog in eine kritische Phase.

Wenn die andere Seite ausschließlich eigene Vorteile und Erwartungen in den Vordergrund stellt, werden Sie wahrscheinlich Ablehnung empfinden. Ein solches Auftreten hat nichts mit den Gesetzen einer positiven Beziehung zu tun. Sie haben selbst genügend Erfahrungen um zu begreifen, was eine gute, positive und langjährige Geschäftsbeziehung ausmacht. Stellen Sie in solchen Situationen Fragen. Übernehmen sie die Führung des Gesprächs. Prägen Sie für sich den Grundsatz:

Ich will meinen Geschäftspartner erfolgreich machen.

Diese Einstellung wird Sie nicht hindern, Ihre eigenen Interessen zu vertreten. Jedoch mit dem großen Unterschied, dass Ihr Gesprächspartner Ihre auf Hilfe und Beratung ausgelegte Einstellung spürt und gewillt ist, Sie bei der Verwirklichung Ihrer Ziele ebenfalls zu unterstützen. In diesem Moment wird es für beide eine Win-Win-Situation.

Beziehungsmanagement heißt übersetzt:

- positive, emotionale Bindung
- gegenseitiger Respekt und Achtung
- Vertrauen
- Zuverlässigkeit
- Ehrlichkeit
- Die Beratung erfolgt auf hohem Niveau.
- Marktveränderungen werden offen angesprochen.
- Das Ergebnis sind gemeinsame Erfolge.

Beziehungsmanagement verlangt Sorgfalt und das Interesse, dem Partner auf der Ebene seiner Erwartungen zu begegnen. Dies verlangt einen ständigen Kontakt und Austausch wichtiger Informationen. Jede Form von Vernachlässigung bedeutet auch das Nachlassen einer starken und erfolgreichen Beziehung.

Ein wichtiger Punkt im Spiel von Kräften ist, dass Sie selbstbewusst, überzeugend und auch situativ hartnäckig auftreten. Zeigen Sie sich als Siegertyp, der sich nicht von „Niederlagen" abhalten lässt, aktiv und selbstbestimmend aufzutreten. Gehen Sie davon aus, dass sich alle Menschen starke Partner wünschen. Nachstehend finden Sie Leitlinien, die sich als ein wertvolles Instrument im Umgang mit den Kunden zeigen. Die aufgeführten Grundsätze können Sie stellenweise im Sinne Ihrer Unternehmensstrategie verändern. Wichtig ist, dass alle Mitarbeiter, die direkten Einfluss auf die Prozesse zwischen Lieferant und Kunden haben, diese Leitlinien kennen.

14 Leitlinien im Vertrieb

1 Alles Denken und Handeln jedes Einzelnen und des Teams ist zum Kunden hin ausgerichtet.

2 Wir geben jedem Kunden das Gefühl, dass er für uns ein wichtiger Partner ist.

3 Ich trage die volle Verantwortung für alle mir übertragenen Aufgaben.

4 Unsere Kommunikation nach innen und außen ist durch Freundlichkeit, Ehrlichkeit und Respekt geprägt, auch in schwierigen Situationen.

5 Wir kommunizieren alle relevanten Informationen an externe und interne Ansprechpartner präzise, diszipliniert und ehrlich. Auf allgemeine Kundenwünsche reagieren wir grundsätzlich innerhalb von 30 Minuten.

6 Wir geben Standardangebote innerhalb von 24 Stunden ab. Angebote mit technischer Prüfung unterbreiten wir unseren Kunden innerhalb von 48 Stunden. Bei Anfragen mit Entwicklungsaufwand verpflichten wir uns, innerhalb von 24 Stunden mit dem Kunden einen voraussichtlichen Abgabetermin zu vereinbaren. Der Innendienst verpflichtet sich zur Terminverfolgung und Informationspflicht bei Abweichungen.

7 Wir verpflichten uns, gemeinsam mit unseren Kunden aktiv

und konsequent an Optimierungen, Problemlösungen und Innovationen zu arbeiten.

8 Wir informieren unsere Kunden bis spätestens 24 Stunden vor Liefertermin aktiv über absehbare Terminverschiebungen und finden gemeinsam mit dem Kunden einen akzeptablen Alternativtermin.

9 Die Erreichbarkeit wird im Team abgestimmt. Wir organisieren uns im Innendienst so, dass unsere Kunden von 7:45 bis 17:00 Uhr, freitags bis 15:00 durchgängig einen Ansprechpartner erreichen. Diese Erreichbarkeit wird sich zwangsläufig von Unternehmen zu Unternehmen und auch von Branche zu Branche ändern. Es gibt Unternehmen, die einen 24-stündigen Service anbieten und dementsprechend auch erreichbar sein müssen.

10 Es erfolgt eine wöchentliche persönliche Abstimmung zwischen Innendienst und Außendienst. Im Innendienst findet eine tägliche Besprechung statt, in der u.a. Prioritäten im Tagesgeschäft abgestimmt werden. Außerdem können wichtige Informationen über ein Dashboard zugänglich gemacht werden und relevante Stellen, wie zum Beispiel Lager und Logistik sind jederzeit erreichbar.

11 Wir nutzen Reklamationen konsequent als Chance zur Verbesserung der Kundenbeziehung. Wir tragen innerhalb von 24 Stunden alle relevanten Informationen zusammen und leiten diese an die involvierten Abteilungen weiter. Wir geben unserem Kunden innerhalb von 24 Stunden ein erstes Feedback. Wir schließen Reklamationen grundsätzlich innerhalb von 5 Arbeitstagen ab.

12 Anfragen und Projekte, die in unserem Werk nicht sinnvoll gefertigt bzw. angeboten werden können, werden von uns aktiv an die in Frage kommenden Schwesterwerke oder zentrale Abteilungen weitergeleitet.

13 In die Kommunikation mit dem Kunden gehört ebenso das Rechnungsverfahren, in dem wir den Kunden rechtzeitig und direkt über seine Verpflichtungen informieren.

14 Alle Mitarbeiter kennen die definierten A-Kunden mit Merkmalen und Absprachen. Trotz dieser Prioritätendefinition ist es wichtig, dass die B und C Kunden nicht vernachlässigt werden.

Beziehungsmanagement vermittelt Interesse an den Aufgaben des Kunden!

6.2 Gelebte Ehrlichkeit

In einem Wettstreit dreier Personen mit der Aufgabe, wer am besten lügen kann, trat ein ca. 50-jähriger Mann auf und behauptete, dass er noch nie in seinem Leben gelogen habe. Er hat diesen Wettkampf gewonnen.

Wenn wir uns die Frage stellen: „Müssen wir im Verkauf bzw. Kundenmanagement lügen, um Erfolge zu generieren?", muss ich mich für ein absolutes „Nein" entscheiden. Misserfolge sind sonst vorprogrammiert.

Nachstehend ein Beispiel:

Ein in der Beratung fachlich angesehener Kautschuk-Techniker behauptete in einem Kundengespräch gegenüber dem Inhaber der Firma, mit einem Wettbewerber essen gewesen zu sein. Beide Unternehmer kannten sich gut und es stellte sich heraus, dass der beratende Techniker gelogen hatte. Das Ergebnis war letztendlich seine Kündigung. Am meisten gelogen wird häufig im Verkauf-Innendienst, aber auch im Außendienst, z. B. bei Nichteinhaltung von Lieferterminen, Qualitätsmängeln, fehlenden Mustern oder Informationen. Beliebte Ausreden sind

Computerausfall, Maschinenstörung, Materialmangel oder Krankheit von Mitarbeitern.

In vielen Trainings mit Beratern bzw. Verkäufern haben wir auch Teilnehmerinnen und Teilnehmer erlebt, die grundsätzlich ehrlich mit der Kundschaft umgehen. So sagte z. B. ein Teilnehmer, dass er vergessen habe, den Auftrag eines wichtigen Kunden einzugeben. Als der Kunde seine Lieferung reklamierte, wurde das Dilemma erkannt. Der Berater sprach mit dem Kunden ehrlich und entschuldigte sich. Er bewirkte mit der Unterstützung der Arbeitsvorbereitung, dass der Auftrag innerhalb von 5 Tagen beim Kunden war. In einem weiteren Gespräch lobte der Kunde den Berater, dass er ehrlich war und keine billigen Ausreden gebraucht hat.

Wer seine Kundenarbeit mit Sorgfalt verrichtet, weiß häufig im Voraus, ob Liefertermine verschoben werden müssen. Nach einer solchen Feststellung ist es eine wichtige Aufgabe, den Kunden sofort zu informieren. Auch das ist eine gelebte Ehrlichkeit, die in der Geschäftswelt als eine wichtige Serviceleistung angesehen wird.

Ein weiterer wichtiger Punkt in der Gesprächsführung ist der Grundsatz, keine Versprechungen zu machen, die nicht eingehalten werden können. So z. B. dem Kunden speziell anzufertigende Muster für einen Zeitpunkt zu versprechen, der im Vorfeld schon unrealistisch ist. Dies passiert auch häufig bei Lieferterminen. Damit ist ein gewisser Ärger vorprogrammiert. Hierbei wird der Mehraufwand an Arbeit und Zeit unterschätzt, um den Kunden letztendlich zu beruhigen.

Eine weitere Untugend ist die Zuordnung von Produkteigenschaften, die nicht vorhanden sind.

Hier ein Beispiel:

Eine junge Frau wird mit ihrem Partner zu einem interessanten Event eingeladen. Für diese Veranstaltung kauft sie ein rotes

Wildlederkostüm, ein Etikett in dem Kostüm verspricht Farbechtheit. Die junge Dame fühlt sich in ihrem Kostüm sehr wohl und nimmt im Wohnzimmer auf einer hellen beigefarbenen Wildledercouch Platz. Als sie nach etwa gut einer Stunde ihren aufgewärmten Platz verlässt, um an der lebendigen Veranstaltung teilzunehmen, ist die Stelle, an der sie gesessen hat, leicht- bis teilweise dunkelrot gefärbt. Die Ledercouch war neu, das Kostüm ebenso. Beide passten nicht zusammen, weil das Etikett in dem Kleidungsstück nicht der Wahrheit der Qualität entsprach.

In einem Kundengespräch ist es wichtig, die Vorteile der eigenen Produkte/Leistungen deutlich herauszustellen. Dies wird häufig vernachlässigt. In einem Training wurden 15 Außendienstmitarbeiter aufgefordert, wenigstens 12 positive Attribute ihrer Produkte und ihres Service schnell aufzuschreiben. Viele der Damen und Herren mussten zugeben, dass es ihnen sehr schwer gefallen ist, 12 positive Merkmale ihres Produktsortiments zu finden. Leider ist es so, dass wir uns zu sehr mit den negativen Merkmalen der Wettbewerber beschäftigen als die eigenen Vorteile im Sortiment zu nennen. Die Konkurrenz auch nur ansatzweise schlecht zu machen, ist eine unverzeihliche Schwäche.

Ehrlichkeit in der Kommunikation ist ein Qualitätsmerkmal, das immer wieder erkennbar wird und außerdem kein besonderes Gedächtnis verlangt. Ehrlichkeit wird zu einem Standard, welcher innere Ruhe schenkt, Vertrauen aufbaut und den persönlichen Erfolg fördert.

Die verdeckte Botschaft

Sprache drückt immer auch Emotionen aus. Selbst in den Momenten, in denen wir desinteressiert irgendeine Banalität zum Ausdruck bringen, werden diese ausgesprochenen Gedanken beim Empfänger spezifische Reaktionen auslösen. Sprache ist nur in Verbindung mit dem Ausatmen möglich und so immer ein Von-Innen-nach-Außen-Treten. Atmen wiederum ist Leben und somit wird Sprache ein Ausdruck unseres Lebens. Das heißt, dass die von uns formulierten Worte beseelt sind und von feinsten Schwingungen unseres Empfindens getragen werden. Bewusst oder unbewusst registrieren wir neben der artikulierten Information auch die psychische Situation des Senders.

Sprache läuft auf drei Ebenen ab:

- über die Bedeutung des gesprochenen Wortes,
- über den Körper, d. h. als nonverbale Botschaft,
- über die versteckte Wirkung.

Im Umgang mit Menschen ist es wichtig zu wissen, dass jede Person natürliche psychologische Primärbedürfnisse hat. Für den Berufstätigen ist dies verstärkt der Wunsch nach Geltung, Akzeptanz, Erfolg, Ansehen, Sicherheit und Harmonie.

Kommunikation mit anderen Menschen wird immer dann besonders erfolgreich sein, wenn wir neben den zu erreichenden Zielen auch die Primärbedürfnisse der Gesprächspartner berücksichtigen.

Stellen Sie sich in diesem Zusammenhang folgende Fragen:

- Wie oft wissen andere Menschen nicht, was Sie wollen?
- Wie oft werden Sie missverstanden?
- Wie oft verschaffen Sie sich über gezielte Fragen Klarheit in Gesprächen mit anderen?

Über unser Charisma und unsere Körpersprache vermitteln wir Botschaften, die bestimmte Gefühle auslösen. Für uns ist es wichtig, die Botschaften unseres Körpers zu kennen.

6.3 Authentisch sein

Wir alle kennen Menschen, die es Anderen immer recht machen wollen. Sie haben das Bedürfnis, positiv aufzufallen, keine eigene Meinung zu zeigen und treten damit als Jasager auf. Es sind häufig feinfühlige, sehr wertvolle Menschen. Sie sind jedoch nicht authentisch. Interessant ist, dass diese Personen eher devot als selbstbewusst auftreten und genau dadurch weniger Akzeptanz von Ihrem Umfeld erhalten. Das nur angepasst Sein wird nicht geschätzt. Authentisch sein bedeutet, eine eigene ehrliche Meinung selbstbewusst zu vertreten und bewusst erkennbar zu machen.

Wenn Sie als Vertreter eines Unternehmens bei Ihrer Kundschaft auftreten, werden Ihre Gesprächspartner sehr schnell feststellen, ob Sie ein Handlanger, ein Diener ohne eigne Meinung oder eine authentische Persönlichkeit sind. Als selbstbewusster und selbstständiger Kunden-manager zeigen Sie ein glaubwürdiges Profil, das Zuverlässigkeit signalisiert und eine gesicherte Partnerschaft garantiert.

Die Voraussetzung für ein authentisches Auftreten ist Selbstbewusstsein. Als Unternehmensvertreter haben Sie sich mit Ihrer Aufgabe identifiziert, glauben an Ihre Kompetenz und Ihre Fähigkeit und sind bereit, sich besonderen Herausforderungen zu stellen. Dazu gehört auch eine gewisse Liebe zu sich selbst. Je bewusster Sie Ihre Stärken leben, umso weniger werden Sie das Bedürfnis haben, ständig nach Akzeptanz und Anerkennung zu gieren. Sicherlich haben wir alle ein Bedürfnis danach und wir werden sie umso häufiger erhalten, je konsequenter wir authentisch sind.

Authentisch sein bedeutet echt sein. Wer echt ist, ist auch stark. Sie gehen mit sich selbst und anderen ehrlich um. Sie passen sich an, vertreten jedoch Ihre Meinung. Sie haben eine positive Einschätzung sich selbst und anderen gegenüber. Aus dieser geistig-emotionalen Haltung heraus werden Sie flexibel auftreten, Herausforderungen annehmen, Lösungen erarbeiten und sich zu einem starken Partner entwickeln, der von anderen geschätzt und anerkannt wird.

Die Voraussetzung, dass ich als starker Partner kompetent auftrete, ist eine starke überzeugende Identifikation mit dem Unternehmen. Ich muss eins sein mit der Unternehmensphilosophie, der Unternehmensstrategie und den damit vernetzten Zielen. Beim Kunden wird nicht nur ein Produkt verkauft, sondern auch mit mir als Mitarbeiter das Unternehmen präsentiert. Wenn diese Aspekte miteinander einhergehen, bin ich für den Geschäftspartner interessant und für ihn ist es erstrebenswert, mit uns eine erfolgsorientierte Beziehung zu pflegen.

7 Kommunikation

7.1 Die Macht des Wortes

Es ist nicht entscheidend, welche Worte wir gebrauchen, sondern welche Kraft und Bedeutung wir ihnen verleihen. Klarheit in der Sprache bedeutet immer auch Klarheit im Verstehen.

Sprache ist Wollen, Beeinflussen, Überzeugen

Die Sprache des Menschen wird von seinem Seelenleben beeinflusst. Sprache ist somit Ausdruck des innerlich gelebten Lebens.

Veränderte Gefühle bedeuten immer auch veränderte Schwingungen in der Sprache.

Diese Gesetzmäßigkeit hat eine große Bedeutung im zwischenmenschlichen Bereich. Unser emotionales Empfinden wird über unsere Worte vom Empfänger aufgenommen und löst bei ihm bestimmte Reaktionen aus. So wird jeder vom Umfeld wahrgenommen und hinterlässt einen Eindruck.

Ängste werden bei Anderen Ängste auslösen. Ablehnung wird Ablehnung aufbauen. Freude wird Freude auslösen. Diese Tatsache muss uns veranlassen, das eigene Seelenleben nicht nur zu kontrollieren, sondern es darüber hinaus positiv und optimistisch zu prägen. Auf dieser Basis können wir uns selbst und andere lebensbejahend beeinflussen. Hier gilt der Grundsatz:

Nur wer in sich selbst Gefühle der Freude und der Zuversicht pflegt, wird diese auch bei anderen Menschen auslösen können.

Das Gesetz der Resonanz ist auch das Gesetz des Erfolgs. Derjenige wird glücklich und erfolgreich mit anderen Menschen umgehen, der lebensbejahende Gedanken und Gefühle in sich trägt. Er hat die Vision von Abschlüssen. Seine Visualisierungen sind die Gedankenwelt eines Profis.

Sprache als Selbstdarstellung verlangt von uns, in Lösungen zu kommunizieren, immer wieder Achtung und Respekt gegenüber anderen zu zeigen und über die Stimme positive Gefühle zu transportieren. Fragen Sie sich: „Mache ich mit meinen Worten anderen Menschen Mut oder nehme ich ihnen mit meiner Sprache Kraft?"

Aristoteles sagte: „Sprich, damit ich dich sehe!"

Das Mitschwingen unserer Emotionen

Wie in Abschnitt 6.2: Gelebte Ehrlichkeit, die verdeckte Botschaft bereits ausgeführt, drückt Sprache Gefühle aus. In diesem Zusammenhang ist die Wortwahl entscheidend. Durch die Semantik des gewählten Worts, können Sie die Reaktion darauf bei Ihrem Gesprächspartner beeinflussen.

Worte werden unterschiedlich wahrgenommen. Wir sprechen von einem semantischen Hof, der nichts anderes definiert, als die gefächerten Informationen, die ein bestimmter Begriff ausdrückt. So kann das Wort Reklamation für einen Berater Ärger, Arbeit, Kosten oder sogar Trennung vom Kunden bedeuten. Ein anderer sieht darin die Chance, den Kundenkontakt zu vertiefen. Diese Tatsache macht Sprache oft schwierig.

Es ist nicht entscheidend, was ich sage, sondern was der Andere versteht!"

Es ist erwiesen, dass es in einem Verkaufsgespräch weniger darauf ankommt, *welche* Informationen unterbreitet werden, sondern *wie* sie vermittelt werden. Es ist also nicht so wichtig, was ich sage, sondern wie der Gesprächspartner dies versteht.

Die nonverbale Kommunikation (Gestik, Mimik, Auftreten) hat also eine größere Bedeutung als das gesprochene Wort.

7.2 Semantik

Semantik ist die Lehre der Wortbedeutung. Hierunter verstehen wir, dass jeder seine eigenen Vorstellungen zu bestimmten Worten und Aussagen entwickelt. Nehmen Sie beispielsweise den Begriff „Angst".

Vor was haben die Menschen Angst?

- vor einer ungewissen Zukunft
- vor Armut
- vorm Versagen
- vorm Fliegen
- vor Einsamkeit
- vor Krieg

Wenn Sie von Ängsten sprechen, ist es wichtig, genau zu definieren, welches Thema Sie ansprechen. Andernfalls kann es schnell zu Missverständnissen kommen. Dies gilt auch für Themenbereiche wie Glück und Erfolg.

Die nun folgenden Übungen zur Semantik sollen Ihnen zeigen, welche Gefühle die unterschiedlichen Wortbedeutungen in Ihnen auslösen können. Die Beschäftigung mit folgenden Begriffen ist für eine gute Geschäftsbeziehung förderlich.

Service

Schreiben Sie sieben Assoziationen auf, die Sie mit dem Wort Service in Zusammenhang bringen! Begriffe, an die Sie denken, wenn Sie das Wort lesen oder hören.

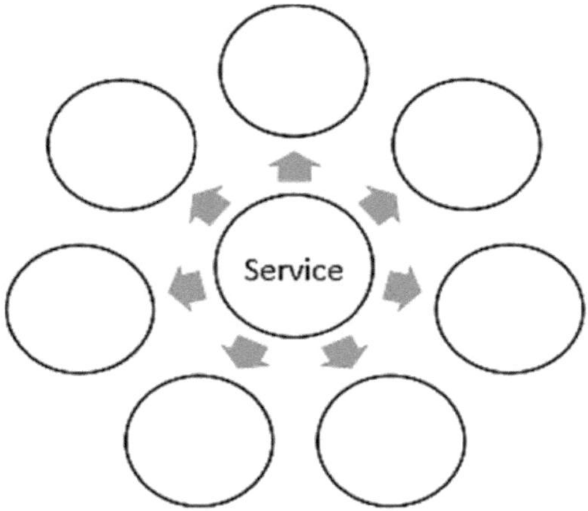

Wie oft erbringen Sie kundenspezifischen Service? 3 Beispiele

Welchen Einfluss hat Service auf die Geschäftspartnerschaft?

Begeisterung

Schreiben Sie sieben Assoziationen auf, die Sie mit dem Wort Begeisterung in Zusammenhang bringen! Also Begriffe, an die Sie denken, wenn Sie das Wort Begeisterung lesen oder hören.

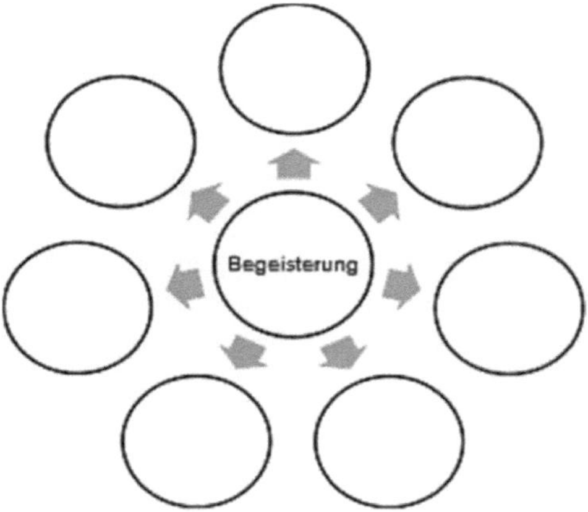

In welchen Situationen sind Sie begeistert? 3 Beispiele

Welche Einflüsse hat Begeisterung auf Ihre Leistung?
3 Beispiele

Kreativität

Schreiben Sie sieben Assoziationen auf, die Sie mit dem Wort Kreativität in Zusammenhang bringen! Also Begriffe, an die Sie denken, wenn Sie das Wort Kreativität lesen oder hören.

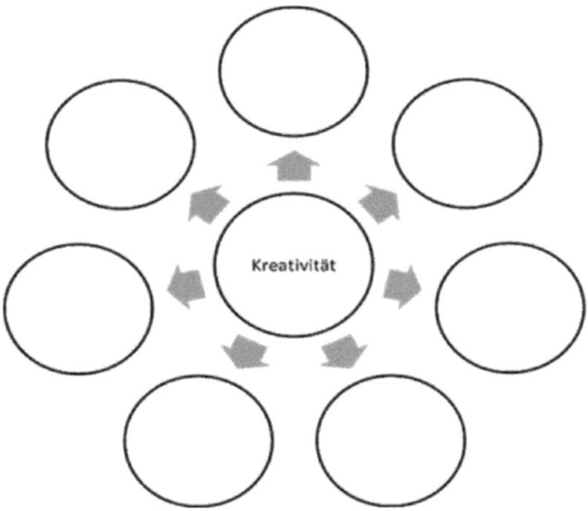

Wie oft sind Sie kreativ? 3 Beispiele

Wie beeinflusst Kreativität Ihren Alltag? 3 Beispiele

Nachhaltigkeit

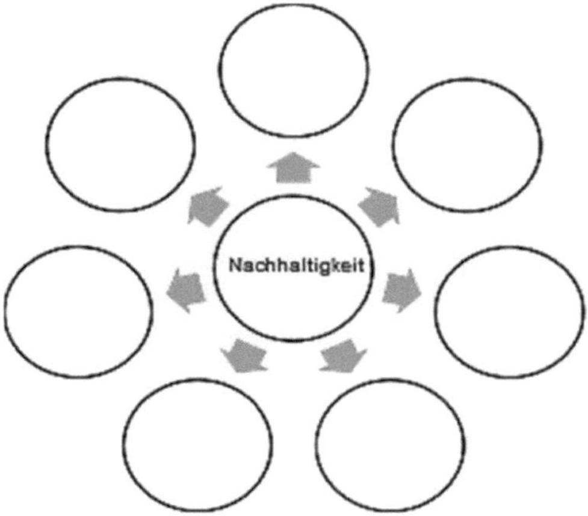

Schreiben Sie sieben Assoziationen auf, die Sie mit dem Wort Nachhaltigkeit in Zusammenhang bringen! Also Begriffe, an die Sie denken, wenn Sie das Wort lesen oder hören.

Wie konsequent sind Sie nachhaltig? 3 Beispiele

Welche Vorteile bringt nachhaltiges Handeln? 3 Beispiele

Ziele

Schreiben Sie sieben Assoziationen auf, die Sie mit dem Wort Ziele in Zusammenhang bringen! Also Begriffe, an die Sie denken, wenn Sie das Wort Ziele lesen oder hören.

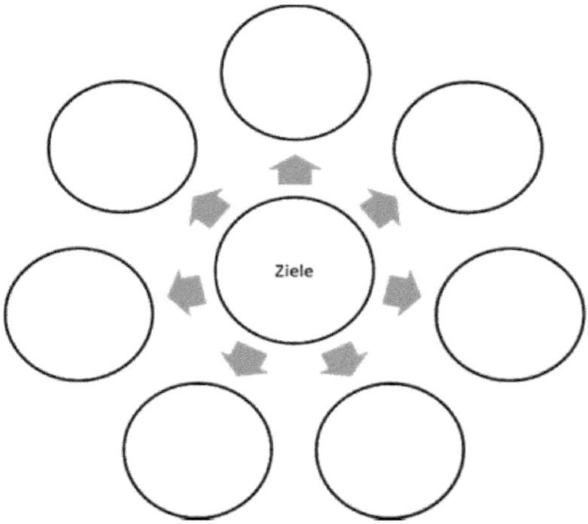

Was sind Ihre wichtigsten beruflichen Ziele? 3 Beispiele

Welchen Einfluss haben Ziele auf Ihren Erfolg? 3 Beispiele

8 Wertemanagement

Wertemanagement ist für die Mitarbeiter eines Unternehmens ein wichtiges Erleben von Verantwortung, Verbundenheit und zukunftsweisenden Richtlinien.

Es ist ein interessantes Phänomen, dass ein Kunde den Lieferanten als einen ausschließlich für ihn tätigen Partner sieht. Dies verlangt wiederum von Lieferanten, den Geschäftspartner ebenfalls als etwas ganz Besonderes wahrzunehmen und zu behandeln. Unternehmen, die ihrem Partner dieses Gefühl der Einmaligkeit vermitteln, sind sehr erfolgreich.

Produktionsprobleme, die ein Unternehmen hat, sind für den Kunden zunächst uninteressant. Der Kunde ist erst dann bereit, die Engpässe des Lieferanten in begrenztem Rahmen zu akzeptieren, wenn über ein gelebtes Wertemanagement starke persönliche Bindungen aufgebaut wurden. Unter Wertemanagement sind z. B. folgende Kriterien zu verstehen:

- Der Kontakt wird regelmäßig gepflegt und zwar auch dann, wenn kein direkter neuer Auftrag oder andere bestimmte Fragen offen sind. Ein Anruf, ein kurzer Besuch signalisieren dem Geschäftspartner, dass er wichtig ist und eine bestimmte Bedeutung einnimmt.
- Die Geschäftspartner werden über bestimmte Marktentwicklungen unaufgefordert informiert.
- Bei jeder möglichen Situation, die sich bewusst anbietet, wird die gute Zusammenarbeit angesprochen und sich bedankt.
- Der Kunde hat permanent das Gefühl, dass ihm ehrlich und verantwortungsbewusst begegnet wird. Hier sind Faktoren

wie Qualität, Liefertreue und an den Kunden angepasste Preise zu verstehen.

Nachstehend ein Beispiel wie es nicht sein sollte:

Einer der erfolgreichsten Baumärkte in Europa war aufgrund seiner Umsätze mit einem bestimmten Lieferanten der festen Meinung, dass sich dies in bestmöglichen Preisen widerspiegelte. Man kaufte den Standort eines konkurrierenden Unternehmens auf, das den selben Zulieferer hatte. Infolge eines im Gebäude versehentlich zurückgelassenen Ordners fanden die Verantwortlichen heraus, dass der Wettbewerber deutlich bessere Einkaufskonditionen hatte. Die Folge war ein nicht unerheblicher Konflikt mit diesem Lieferanten. In Verkaufssituationen, in denen ein Kunde Interesse an einem anderen Produkt zeigte, wurde dieses bevorzugt verkauft.

In diesem Beispiel spiegelt sich deutlich wider, dass ein auf Falschaussagen aufgebautes Vertrauen nicht einem gewünschten Wertemanagement entspricht.

Wertemanagement in der Wirtschaft muss von Verantwortung, Ehrlichkeit, Fairness, Achtung und Respekt getragen sein.

8.1 Kultur als Quelle für Energie und Erfolg

Gelebte Kultur ist eine Geisteshaltung. Wenn Sie bewusst gelebt wird, dann sprechen wir von Bildung. Diese gelebte Kultur ist Ausdruck eines bestimmten Wertemanagements.

Im Ethikbereich können wir zwei interessante Ansätze definieren:

- Image-Ethik
- Charakter-Ethik

Image-Ethik

Die Image-Ethik ist im Wesentlichen getragen vom Erfolg für sich selbst. Für seinen Erfolg ist der Mensch bereit, eine egoistische Strategie und ein Manipulieren von anderen in Kauf zu nehmen. In Verhandlungen mit dem Geschäftspartner versucht er zwar diplomatisch zu sein, aber das Interesse am Partner ist gering. Über eine möglichst hohe Akzeptanz aus dem Umfeld versucht der Mensch, auch auf emotionaler Ebene die innere Balance zu finden. Ist diese Balance gestört, wird die Situation als sozialer Konflikt empfunden. Argumentiert und gehandelt wird aus einer Vermeidungsstrategie heraus.

Charakter-Ethik

Eine andere Lebensqualität im Umgang mit Menschen erfahren wir, wenn das Prinzip der liebvollen Charakter-Ethik gelebt wird. Wesentliche Merkmale dieser Ethik sind Integrität, Treue, Fleiß, Einfachheit, Mut, Gerechtigkeit, aber auch Bescheidenheit und Demut. Sind diese grundlegenden Prinzipien im Wesen eines Menschen verankert und werden entsprechend gelebt, besitzt er die idealen Voraussetzungen für ein effektives Leben mit Erfolg und Glück. Die Attribute der Charakter-Ethik sind die Basis der sozialen Kompetenz. Der Begriff Demut bedeutet in diesem Fall, mit Misserfolgen, Niederlagen und Ungerechtigkeiten sinnvoll umzugehen. Diese sozialen Charaktereigenschaften werden eine Persönlichkeit nicht davon abhalten, ziel- und erfolgsorientiert zu kommunizieren und zu handeln. Vertriebspersönlichkeiten mit diesen Eigenschaften strahlen oft Größe aus, sind gerne gesehen und generieren oftmals außergewöhnliche Erfolge.

Kultur kann aber auch anders sein. Gemeint ist hier ein gemeinsames Verständnis. Erst dann, wenn viele Mitarbeiter eines Unternehmens einen hohen Anspruch an Loyalität, Achtung und gegenseitigem Respekt haben und dies auch gegenüber Kunden und Lieferanten leben, wird eine gelebte Kultur erkennbar. Menschen, die in ihrer Gemeinsamkeit ein positives Kollektivbewusstsein spüren, demonstrieren Kultur.

Viele Unternehmen legen ihre Unternehmens- und Wertekultur in einem „Code of Conduct" im Rahmen einer freiwilligen Selbstbindung fest. Der Code of Conduct geht weit über Compliance (Einhaltung aller rechtlichen Vorgaben) hinaus und ist Bestandteil der internen Weiterbildung. Führungskräfte leben die Werte im Tagesgeschäft vor.

Das Zusammenleben von Gemeinschaften unterliegt oft einem Wandel der Kultur. Diese Veränderungen sind im Allgemeinen wichtig, sollten jedoch nicht zu einem Werteverlust führen. Fortschritt und Entwicklung sind in unserer heutigen Zeit, besonders auch in der Wirtschaft, unabdingbar. In einem Unternehmen ist die gelebte Kultur oft abhängig von der Qualität des Managements. Wenn von Seiten der Führungsebene eine gewisse Rücksichtslosigkeit gezeigt wird, verändert sich die soziale Betriebsgestaltung aller Mitarbeiter. Dies wird auch nach außen sichtbar. Nicht selten führt dies zu einem Verlust von Marktanteilen.

Die gelebten Werte in einem Unternehmen sind entscheidend für die Entwicklung des Unternehmens. Es gehört zu den Werten einer Unternehmenskultur, dass sich das gesamte Personal im jeweiligen Arbeitsbereich wohl fühlt, gerne Leistung erbringt und den gemeinsamen Erfolg im Umgang mit Kunden nachhaltig anstrebt. Wenn wir diese Geisteshaltung auf den Verkauf, Innendienst und Außendienst übertragen, werden die Kunden sich wohler fühlen und ihrerseits bestrebt sein, die Zusammenarbeit mit dem Unternehmen zu stärken. Kultur ist somit ein ganzheitliches Auftreten, das wir unter dem Begriff Corporate Performance Management kennen.

> *Die gelebten Werte eines Verkäufers sind die Säulen für Stabilität, Nachhaltigkeit und gewollte Ergebnisse.*

9 Mind Management

Mind Management ist ein ganzheitlicher Ansatz, das Leben auf der geistig-emotionalen Ebene erfolgreich zu gestalten. Mind erfasst Geist, Verstand, Denken, Gemüt, und ist eine gelebte Weite. Mind ist somit nicht eng oder begrenzt angelegt. Mind zu leben, bedeutet Klarheit in vielen Lebensfragen zu entwickeln und ein Recht auf Erfolg zu spüren. Mind Management hat für Sie als Vertriebler eine große Bedeutung.

- Wie ist Ihr Denken ausgerichtet?
- Haben Sie Freude an der Arbeit?
- Können Sie sich selbst motivieren?
- Sind Misserfolge für Sie eine Chance?
- Wollen Sie den Erfolg?
- Sehen Sie in jedem Kunden einen Partner?
- Zu wie viel Prozent lieben Sie Ihre Arbeit?

Mind ist ein Teil unserer Persönlichkeit und wir entscheiden, wie wir damit umgehen. Neben geistiger Weiterentwicklung betreiben wir auch Seelenhygiene. Hygiene bedeutet in diesem Fall, dass wir über unseren Verstand willentlich selektieren, was wir emotional zulassen. Sie alle können immer wieder feststellen, dass viele Menschen gerne über Mangel reden, Schuldzuweisungen äußern und selten die volle Verantwortung für ihr Leben übernehmen.

Immer wieder erleben wir Menschen, die die Gesellschaft, Eltern, Ehepartner und sonstige Umstände dafür verantwortlich machen, dass es ihnen persönlich nicht gut geht und sie ihre Ziele nicht verwirklichen können. Auch im Verkauf gibt es viele Beziehungsmanager, die eher über Schwierigkeiten klagen, als lösungsorientiert zu kommunizieren und zu handeln.

Nachstehend möchte ich Ihnen meine eigene Erfahrung mit 48 Außendienstlern schildern. Grob ließen sich diese Persönlichkeiten in drei Gruppen teilen. In der ersten Gruppe von 16 Vertrieblern befanden sich die sehr Erfolgreichen. In der zweiten die guten Vertreter und in der dritten, die weniger positiv auffälligen Mitarbeiter. Interessant war, dass die Erfolgreichen untereinander wesentlich häufiger kommunizierten als die anderen Gruppen. Die Erfolgreichen der ersten Gruppe tauschten sich darüber aus, wie sie interessante Firmen als neue Geschäftspartner gewinnen konnten.

Die Erfolgreichen dachten in Lösungen und suchten kreativ nach Wegen, um Hindernisse zu überwinden. In solchen Prozessen finden wir gelebtes Mind Management, das Kraft schenkt, Veränderungen herbeiführt und Erfolge ermöglicht. Anmerken möchte ich noch, dass problemorientierte Menschen letztendlich in ihrer negativen Betrachtung steckenbleiben.

> *Es ist unsere Aufgabe, die von der Schöpfung erhaltenen Ressourcen sinnvoll zu nutzen und erfolgs- und werteorientiert in unser Leben einzubringen!*

9.1 Die Sieger-Mentalität

Im Sport beobachten wir oft bei einzelnen Menschen, aber auch bei Teams, eine ausgeprägte Siegermentalität. Es ist eine gelebte Konsequenz, sich im Vergleich mit anderen zu behaupten und sich aufgrund erbrachter Leistungen auch positiv zu unterscheiden. Ein Siegertyp zu sein bedeutet nicht, rücksichtslos aufzutreten, sondern ist der Wille, zu den Besten zu gehören.

Folgende neun Eigenschaften zeichnen einen Siegertyp aus:

- Er hat eine positive Selbsteinschätzung. Er achtet und respektiert sich selbst.
- Misserfolge nimmt er nicht als Versagen wahr, sondern analysiert selbstkritisch, was er hätte besser machen können.
- Ein Siegertyp hat Ziele, die mutige Perspektiven aufzeigen.
- Sein Zeitmanagement ist effizient geplant und er vermeidet unnötige Arbeiten.
- Seine Arbeitsmethodik ist frei von emotional negativ ausgerichteten Denkprozessen. Unbequeme Aufgaben verrichtet er konsequent als erstes. Der Mensch steht im Mittelpunkt aller Überlegungen. Auch unangenehmen Persönlichkeiten begegnet er mit Charme und Entschlossenheit. Demotivierende Einflüsse lässt er nicht zu.
- Der Siegertyp hat eine positive Einstellung zu allen seinen Leistungen und eine bejahende Geisteshaltung zum Unternehmen. Seine Kommunikation ist absolut ziel- und lösungsorientiert.
- Er macht keine Schuldzuweisungen. Für negative Entwicklungen übernimmt er die Verantwortung. Auch lehnt er eine Kommunikation, die Mangel ausdrückt, ab.
- Er ist ein positiver Mensch und hat grundsätzlich das Bestreben, auch andere Menschen erfolgreich zu machen. Deswegen ist es für ihn selbstverständlich, vorbildlich in einem Team zu arbeiten. Er motiviert die Menschen seines Umfeldes, um gemeinsam Erfolge zu erzielen.
- Der Siegertyp hat eine Vision. Es ist die Erwartung und Vorstellung, überdurchschnittliche Ergebnisse herbeizuführen. Diese Vision durchzieht sein ganzes Denken, Handeln und Entscheiden wie eine Matrix. Seine Vision ist wie ein Pro-

gramm in seinem alles umfassenden Mind Management. Diese Vision wird von ihm täglich aus dem Unterbewusstsein in sein Bewusstsein transferiert und ist somit die kreative Kraft und Energie, die sein Charisma trägt. Diese Power schafft Anerkennung, Einfluss auf hohem Niveau und lässt ihn zum Sieger werden.

9.2 Der Wille zu lernen

Jeder Mensch hat das Recht, Fehler zu machen, zu versagen, situativ unfähig zu sein. Wenn wir solche Ereignisse bereitwillig annehmen und analysieren, können wir aus Fehlern lernen.

Ablehnung blockiert unsere Weiterentwicklung.

In einem Unternehmen wurde seitens des Managements der Grundsatz festgelegt, bei Fehlern immer den Schuldigen zu suchen. Das Wort Schuld ist absolut negativ und bietet somit keine Chance zu lernen. Schuld bedeutet grundsätzlich Demotivation, Frustration und Verlust von Energie. Schuld ist immer Vergangenheit. Völlig anders empfinden wir, wenn wir uns gedanklich fokussieren, um uns zukunftsorientiert zu verbessern. Verbessern bedeutet in diesem Fall Fortschritt. Es sind wesentliche Pfeiler des Lernens.

Besonders im Vertrieb ist eine gewollte Verantwortung für das eigene Handeln unabdingbar. Jede Veränderung im Markt erfordert, unser eigenes Verhalten neu zu konzipieren.

Stellen Sie dabei fest, inwieweit Sie fremdbestimmt sind und wie groß der Anteil der Selbstbestimmung ist. Selbstbestimmt zu sein ist von dem Willen getragen, Eigenverantwortung auf höchstem Niveau zu übernehmen. Ein solches Handeln und Denken bedeutet innerlich frei zu sein und sein eigenes Wollen mit Freude zu leben.

Wer das schafft, lebt sein wahres „Ich bin“ und ist somit authentisch. Das Authentische ist immer einzigartig, stark und wird als etwas Besonderes wahrgenommen. Lernen bedeutet, die unterschiedlichsten Facetten des Lebens kennen zu lernen, eine positive Bilanz daraus zu ziehen und sich in seiner Persönlichkeit zu entfalten. Lernen ist der Wille, sein Leben ganzheitlich anzunehmen, zu gestalten und sich selbst als Persönlichkeit zu respektieren und zu lieben.

Wille ist eine Energie, die ich dort einsetze, wo ich sie brauche!

9.3 Misserfolge als Motivationsbasis

Einer der größten Banker des letzten Jahrhunderts, Dr. Hermann Josef Abs, hat einmal auf die Frage, was ihn so erfolgreich gemacht hat, geantwortet: „Ich habe aus Niederlagen gelernt.“ Auch Sie kennen die Aussage: „Wenn ich nichts arbeite, kann ich nichts falsch machen“. Der Misserfolg ist etwas ganz Natürliches und sollte uns zu einer nüchternen Betrachtung und sachlichen Analyse führen. Wir können über die Misserfolge erkennen, was wir verbessern müssen.

Nach einem verkäuferischen Misserfolg ist es unabdingbar, dass die beratende Person eine genaue Analyse betreibt. Sehr oft können uns dabei, Kollegen, Freunde oder Bekannte helfen. Wenn Sie z. B. ein gestresster Mensch sind, Ihr Magen nicht richtig arbeitet und Sie in Verhandlungen einen starken Mundgeruch verbreiten, kann allein dies der Grund für fehlende Abschlüsse sein. Zu diesem Beispiel passen auch ein ungepflegtes Auftreten, wenig professionell und kundenspezifisch entwickelte Präsentationsunterlagen und eine zu einseitige Gesprächsführung.

Misserfolge haben eine Basis. Erst dann, wenn Sie die Ursachen erkennen, können Sie diese sinnvoll verändern. Danach werden sich die Erfolge einstellen, die Sie sich wünschen. Berücksichtigen Sie dabei:

Nur wer im Erfolg denkt, wird auch Erfolg haben!

Prüfen Sie Ihre Einstellung zu Ihrem Beruf.

Folgende Punkte sind dabei wichtig:

- Reisen Sie gerne?
- Haben Sie eine positive Einstellung zu Ihren Kunden?
- Ist es Ihr Ziel, Ihren Geschäftspartner erfolgreich zu machen?
- Sind Einwände für Sie eine Chance?
- Sind Sie sich bewusst, dass die eigentliche Verhandlung im Allgemeinen nach dem ersten Nein beginnt?
- Beherrschen Sie die Fragetechniken?
- Hören Sie Ihrem Gesprächspartner aktiv zu?
- Kennen Sie die Erwartungen und Bedürfnisse Ihres Geschäftspartners?
- Sind Sie fest entschlossen, die Verhandlung mit einem für beide Seiten vorteilhaften Ergebnis zu führen?

Wo immer Sie zurzeit stehen, und wie viele Misserfolge Sie zurzeit sammeln, Sie sind trotzdem in einer wunderbaren Situation. Denn die Ergebnisse sagen Ihnen, dass Sie etwas zu verändern haben. Wenn Sie dieses persönliche Change-Management realisieren, sind Sie zukunftsorientiert und somit für außergewöhnliche Erfolge bereit.

Misserfolge sind wie Freunde. Wir können viel von Ihnen lernen!

10 Intuitive Intelligenz

Das Unterbewusstsein ist der geheimnisvollste Bereich unserer Psyche, in dem alle Erlebnisse und visuellen Vorstellungen gespeichert werden. Jeder Gedanke und jede Erfahrung, die mit Gefühlen verbunden sind, wird vom Bewusstsein in das Unterbewusstsein und Unbewusste sinken und sich dort manifestieren.

- Wenn sich diese Mentalkräfte in Verbindung mit einem Geschäftsprozess und lösungsorientierten Vorstellungen bündeln sind sie so stark, dass sie das Bedürfnis haben sich zu verwirklichen.

10.1 Die Macht der Bilder

In Verbindung mit Innovationsmanagement wird die Meinung vertreten, dass große Veränderungen und Erfindungen nicht allein über den Verstand zu generieren sind, zumal die Technik einen Entwicklungsstand erreicht hat, der oft nur weiterentwickelt wird.

Die außergewöhnlichen Veränderungen werden mit Hilfe der spirituellen Fähigkeiten des Menschen eingeleitet. In diesem Zusammenhang werden das Gehirn und das Unterbewusstsein als Quelle eingestuft. Es gilt die Ansicht, dass das Unterbewusstsein grundsätzlich nach einer Lösung sucht. Es wird eins mit unseren Visionen, wenn diese konkret sind und in einem gedachten Zeitfenster liegen. Besonders die Hirnforschung beweist uns, dass wir Programme in uns kennen, die gezielt zur Gestaltung unserer Visionen und Wünsche eingesetzt werden können. Es ist ein Aufleuchten bestimmter Hirnregionen zu beobachten, wenn unsere Zukunftspläne eindeutig visualisiert werden. Sie haben z. B. das Ziel, Ihren Umsatz um 10 % zu erhöhen. Visualisieren Sie dieses Ziel so umfangreich und konkret wie möglich, auch im Kontext zu Markt, Wunschkunden, Entdeckung neuer Nischenmärkte bis hin zu einer Verbesserung Ihrer Arbeitsmethoden.

Wir können gewünschte Ereignisse auf diese Weise intensiv vordenken und dadurch Hirnregionen zu Aktivitäten anregen. Interessant wird diese wissenschaftliche Erkenntnis im Zusammenhang mit einem präzisen Zielmanagement. Ihnen ist die Möglichkeit gegeben, Ereignisse vorzudenken und diese in Verbindung mit Emotionen in Ihrem Unterbewusstsein zu verankern. Das Unterbewusstsein hat das Bestreben, unsere Träume, Wünsche und Ziele zu verwirklichen. Wir haben die Möglichkeit, alles Erdachte zu stabilisieren und zu verwirklichen. Außergewöhnlich kreative, schöpferische Persönlichkeiten, die mit diesen Mächten arbeiten, können außergewöhnliche Ideen realisieren.

Viele Erfindungen in der Chemie, Physik und in der Technik wurden über die Träume bestimmter Persönlichkeiten verwirklicht. Was wird geschehen, wenn alle Menschen lernen, diese ihnen gegebenen Ressourcen zu entfalten und zu nutzen? Je bewusster wir lernen, mit diesen vollkommenen Möglichkeiten umzugehen, umso gewaltiger werden Veränderungen in unserem Leben stattfinden. Von Seiten der Psychologie unterscheiden wir verschiedene Bewusstseinsstufen:

- Bewusstsein
- Unterbewusstsein
- Unbewusste

10.2 Das Bewusstsein

Bewusstsein ist das Wissen über den jetzt erlebten Moment. Ich weiß, dass ich mich auf dem Weg zu einem Kunden befinde. Ich weiß, dass ich an diesem Tag vorgegebene Leistungen erbringen soll. Ich weiß, dass ich in diesem Moment ein Verkaufsgespräch führe. Alle diese Dinge, sofern sie nicht einem Automatismus unterliegen, werden von uns über das Bewusstsein beeinflusst. Wir sagen nein, weil uns etwas nicht gefällt. Wir sagen ja, weil wir uns mit der Tatsache identifizieren. Wir treffen viele Entscheidungen, die wir im Bewusstsein durchdacht haben und die wir in einem bestimmten Umfang gutheißen.

Bewusstsein ist eine Qualität menschlicher Kompetenz, die, wenn wir sie über unseren wachen Verstand klar erkennen, unendlich viele Möglichkeiten bietet. Die Quantenphysiker sehen im Bewusstsein des Menschen ein außergewöhnliches Potenzial. Das absolute Bewusstsein bezeichnen sie als etwas Vollkommenes, das den Gesetzen des Kosmos zugrunde liegt. Je höher unser Bewusstsein geschult und trainiert ist, umso zielorientierter können wir es für die Erfüllung unserer Aufgaben einsetzen.

Bewusstsein ist die geistige Ebene, auf der wir analysieren, Lösungen und Ziele entwickeln und Entscheidungen treffen, die unser Leben bereichern und unsere Weiterentwicklung fördern.

10.3 Das Unterbewusstsein

Das Unterbewusstsein ist der liebende Freund in uns, der das Bestreben hat, uns zu unterstützen, damit unsere Ideen und Ziele Realität werden. Diese liebende Kraft ist objektiv. Die

Qualität unserer Erwartungen ist getragen von unserer Vorstellungskraft.

So wie ein trockener Schwamm jeden Tropfen Feuchtigkeit aufsaugt und speichert, so ist das Unterbewusstsein ein Bereich im Seelenleben eines jeden Menschen, der wissenschaftlich in seiner ganzen Bedeutung noch nicht erfasst wurde. Tatsache ist, dass viele unserer Entscheidungen vom Unterbewusstsein beeinflusst werden. Während das Bewusstsein verstandesmäßig arbeitet, erhalten wir aus dem Unterbewusstsein viele Botschaften, die in Verbindung mit vorausgegangenen Erfahrungen gespeichert sind und uns steuern. Wenn Sie z. B. seit Jahren ein ergebnisorientiertes Zielmanagement leben, werden Sie intuitiv die richtigen Entscheidungen treffen.

Die Vergangenheit nimmt Einfluss auf den gelebten Moment. So trifft ein Verkaufsleiter nur sehr zögerlich Entscheidungen, weil er in den zurückliegenden Jahren aufgrund falscher Entscheidungen vom Unterbewusstsein negativ beeinflusst wird. Die Angst vor Fehlern hindert ihn, notwendige Veränderungen einzuleiten.

Wenn wir das Unterbewusstsein als ein Gefäß betrachten, dann werden wir hier alle positiven und negativen Erlebnisse finden, die wiederum Einfluss auf unser derzeitiges Leben nehmen. Entscheidend ist jedoch, ob der Mensch aus der Vergangenheit gelernt und somit auch schmerzhafte Ereignisse verarbeitet hat. Dann nämlich wird er in sich ein Potenzial finden, das ihn zu überlegtem, richtigem Handeln führt.

Uneingeschränkt JA sagen zu seiner Vergangenheit bedeutet auch, frei zu sein für die Gegenwart und die Zukunft.

Es ist für jeden Manager von großer Bedeutung, mit was er sich beschäftigt, wie er denkt und wie er bereit ist, sich mit kritischen Unternehmensfragen auseinanderzusetzten. Was immer Sie in Ihrem Unterbewusstsein speichern, es wird Sie begleiten,

Sie beeinflussen und intuitiv führen. Wenn Sie sich zu lange gedanklich und emotional mit Misserfolgen beschäftigen, geben Sie diesem Teil eine große Macht. Wenn Sie bedenken, dass zum Beispiel das Wort Glück aus dem Wort gelingen abgeleitet ist und Sie jetzt feststellen, dass 95% aller Ihrer Aktivitäten nicht gelingen, sollten Sie sich die Frage stellen, ob Sie zu 95% negativ ausgerichtet sind.

Um Ihr Unterbewusstsein umzuprogrammieren, also ins Positive zu wandeln, benötigen Sie eine spezielle Methodik. Sie wissen, dass wir dann den höchsten Einfluss auf uns haben, wenn wir uns in einem entspannten Zustand befinden, z. B. beim autogenen Training oder in der Meditation. In der Entspannung werden die Ebenen Bewusstsein, Unterbewusstsein, bis hin zum Unbewussten zu einem Kanal vernetzt. Auch dann, wenn Sie sich in totaler Entspannung befinden, bleibt ein kreativer Teil Ihrer geistigen Kräfte aktiv. Sie können in diesem Zustand alle Gedanken entwickeln und ins Unterbewusstsein leiten, die Sie als wichtig erachten und alte Programme auflösen und überschreiben. So können Sie selbst und anderen verzeihen. Sie können Wünsche platzieren, heilende Kräfte zur Wirkung bringen, aber auch Teile Ihrer Vergangenheit verarbeiten. In einem solchem Prozess des Auflösens müssen Sie nicht unbedingt die Details wahrnehmen, sondern Sie können eine generelle Bitte an Ihr Unterbewusstsein und Ihr Unbewusstes richten. Dabei ist es wichtig loszulassen, zu verzeihen, aber auch vor allem im zweiten Schritt die Sehnsucht nach Freude, Kraft und Energie bewusst zu platzieren. Geben Sie Ihrem Unterbewusstsein die Chance, zu reagieren. Dies bedeutet, die gewollten Veränderungsprozesse eine Zeit lang zu wiederholen. Es gibt eine Faustregel, die besagt, dass große Veränderungen stattfinden, wenn wir 30 Tage bewusst, liebevoll und positiv mit unserem Unterbewusstsein arbeiten. Sie können den Erfolg Ihrer Entspannungsarbeit überprüfen und feststellen. Wenn Sie nach einer Meditation in sich selbst einen tiefen

Frieden spüren, haben Sie mit Ihrer Meditation das Unterbewusstsein erreicht.

So haben Sie die Macht, Ihr Unterbewusstsein mit Zukunftsperspektiven vertraut zu machen. Sie können berufliche Ziele entwickeln, Ihre finanzielle Situation oder Beziehungen beeinflussen. Ob sich Ihre Erwartungen erfüllen, hängt stark von Ihrem Glauben ab; gleichgültig mit welchen Zukunftsperspektiven Sie sich beschäftigen. Das Wort Glauben birgt die Kraft der Zustimmung.

Ich stimme zu, dass ich in meiner Arbeitswelt erfolgreich bin, dass ich gesund bleibe, dass ich privat Erfolg habe und vieles mehr.

Glaube ist eine spirituelle Kraft, die umso mächtiger wird, je bewusster wir sie mit unseren Gefühlen in Einklang bringen. Shakespeare hat gesagt:

> *„Alle Dinge sind bereit, wenn das Gemüt es ebenfalls ist."*
>
> *Shakespeare*

Wenn Glaube nicht nur ein kurzzeitiges, oberflächliches Denken ist, sondern zu bewusster geistiger Hinwendung wird, hat der Mensch die Chance, die Kraft seines Glaubens zu erfahren.

10.4 Das Unbewusste

Das Unbewusste wird als die Werkstatt des Lebens bezeichnet. Unbewusst deswegen, weil hier viele Körperprozesse stattfinden, auf die wir nur einen geringen Einfluss haben. So atmet der erwachsene Mensch ca. 12- bis 14-mal pro Minute. Jede unserer Nieren reinigt in 24 Stunden 120–140 Liter Blut. Unser Herz pumpt ca. 10.000 Liter Blut in 24 Stunden durch unsere Adern. All diese Prozesse finden statt ohne dass wir sie bewusst beeinflussen.

Jeder von Gefühlen getragene Gedanke ist eine Botschaft, die vom Bewusstsein ausgehend über das Unterbewusstsein ins Unbewusste absinkt. Diese Gewissheit sollte uns animieren, möglichst viele von positiver Energie getragene Gedanken zu entwickeln und zu speichern. Wie denke ich über meine Arbeit? Welches Verhältnis habe ich zu meinen Kunden? Identifiziere ich mich mit den Zielen des Unternehmens? Denke ich positiv über das Management und bin entschlossen, ergebnisorientiert zu entscheiden und zu handeln?

Deutschland ist in Europa wirtschaftlich betrachtet die stärkste Nation und gehört international zu den drei am stärksten exportierenden Ländern. Aus der Perspektive des Kollektivbewusstseins betrachtet, sind wir eine sehr erfolgreiche Nation. Trotzdem haben wir eine zunehmende Anzahl von depressiven Menschen. Der Grund hierfür ist die fehlende Bereitschaft, vor allem auch der berufstätigen Menschen, ein persönliches Change-Management zu praktizieren. Es wird geklagt und es werden permanent Schuldzuweisungen entwickelt. Eine negative Kommunikation ist die Folge.

Jeder Gedanke, der ausgehend vom Bewusstsein bis ins Unbewusste übertragen wird, zeigt je nach seiner positiven oder negativen Qualität seine Wirkung. Wer klagt, lebt im Mangel. Mangel ist ein sehr unangenehmes Gefühl, das auch im Unbewussten des Menschen seinen Einfluss zeigt. Häufige Aussagen wie z. B. „Ich habe keine Zeit!“, „Das geht nicht!“, „Wir sind noch nicht soweit!“, „Das haben wir noch nie gemacht!“ sind Ausdruck von Mangel. Wer solche negativen Gedanken bei sich zulässt, nimmt sich Energie und wird weniger erfolgreich sein. Das Fließen der natürlichen Energie findet nicht statt. In diesem Prozess ist es nur eine Frage der Zeit, bis ein Mensch in eine Depression sinkt. Wer die Gesetze des Denkens in Beziehung zum Unterbewusstsein und dem Unbewussten ignoriert, braucht sich nicht zu wundern, wenn sich sein Lebensweg negativ verändert. Wir sprechen dann von einem selbstgewählten Schicksal.

> *Die Gesetze des Erfolgs sind verbunden mit der geistigen Fähigkeit, sich Ereignisse im Voraus so vorzustellen, als seien sie bereits Wirklichkeit.*

11 Emotionale Intelligenz

Das Thema emotionale Intelligenz hat seit 1995 eine sehr starke Eigendynamik entwickelt. Vormals auch als soziale Kompetenz benannt, ist sie sehr komplex und im Bereich Beziehungsmanagement eine praxisnahe Theorie. Wenn wir sie kennen und auch damit umgehen können, ist sie von großem Vorteil.

Ein differenziertes Wissen über emotionale Intelligenz und die Bereitschaft sie zielorientiert zu nutzen, kann die Basis für Erfolg im Leben sein. Vor allen Dingen im beruflichen Feld, kann sie stark Einfluss nehmen. Emotionale Intelligenz ist die Fähigkeit mit den eigenen, aber auch mit den Gefühlen anderer Menschen sinnvoll umzugehen.

Folgend Bereiche werden erfasst:

- **Die Kenntnis über das eigene emotionale Verhalten**

  Emotionen sind ein wichtiger Aspekt unseres Lebens. Die Quantenphysiker sprechen davon, dass die Emotionen, also unsere Gefühle, die Energie sind, mit denen unsere Zellen gefüttert werden. Somit wird sofort deutlich, dass ich wissen sollte, welchen Emotionen ich unterliege und wie ich mit ihnen umgehe.

- **Situativer Umgang mit meinen Emotionen**

  Wie verhalte ich mich in diversen Situationen? Sind Sie zum Beispiel ein Mensch, der aufbrausend ist, der sich in Situationen, in denen sich die Dinge nicht nach den eigenen Erwartungen abspielen, ungeduldig. Treten solche Verhaltensweisen öfter auf? Intelligenz heißt in diesen Momenten sich beherrschen zu können. Ein offener kommunikativer

Prozess kann einen möglichen emotionalen Stau vermeiden. Wenn Sie öfter Gefühlsausbrüche bei sich beobachten, kann das dadurch bedingt sein, dass Sie Ihre Erwartungen, im Umgang mit Ihrem Umfeld, zu wenig kommunizieren. Stellen Sie fest, was Sie aufgrund Ihres Verhaltens bei anderen Menschen auslösen. Ist Ihnen dabei Empathie wichtiger oder haben Sie das Bestreben grundsätzlich recht zu behalten?

Überprüfen Sie, welche Grundsatzeinstellungen Sie zu anderen Menschen haben. Sind Sie sich zum Beispiel bewusst, dass Sie nur in der Gemeinsamkeit mit anderen erfolgreich sein können? Seien Sie bestrebt, im Umgang mit anderen Personen die positiven Aspekte zu erkennen. Dies ist eine Sache des Übens. Sich auf die negativen Aspekte möglicher Gespräch- oder Geschäftspartner zu orientieren, wird automatisch die Atmosphäre zwischen den Parteien bewusst oder unbewusst negativ beeinflussen. Genau das Gegenteil passiert, wenn Sie Achtung und Respekt signalisieren und Ihnen die Begegnung wichtig ist. Es verlangt von Ihnen eine gewisse Professionalität grundsätzlich in Gesprächen mit anderen Menschen sich innerlich positiv zu konditionieren und dieses auch im ersten Moment der Begegnung erkennbar machen.

Das Erkennen der Emotionen anderer Menschen

Emotionale Intelligenz ist die Fähigkeit unterschiedliche Gefühle, beziehungsweise Emotionen Ihrer Gesprächspartner, zu erkennen und sich entsprechend darauf einzustellen. Folgende realistische Situation: Sie besuchen einen Kunden und werden in sein Gesprächszimmer geführt.

Sie erkennen, dass Ihr Gesprächspartner in einer äußerst gereizten Stimmung ist. Mit großer Beherrschung bietet er Ihnen einen Platz an. Jetzt gilt es Ihrerseits zu überlegen, wie Sie mit dieser Situation professionell umgehen. Nach den Gesetzen von NLP stellen Sie sich auf die andere Person ein. Dazu gehört, dass Sie selber sehr ruhig bleiben, gelassen wirken und über die Kommunikation positiven Einfluss auf ihn nehmen. Sich zum Beispiel für diesen Termin bedanken und sich auf dieses Gespräch freuen.

Empathie als Grundlage der Menschenkenntnis

Empathie ist die Basis von Menschenkenntnis und somit eine Fähigkeit Beziehungen positiv zu beeinflussen. Wenn Sie zum Beispiel im Rahmen einer Verhandlung erkennen, was der oder die Anderen fühlen, werden Sie offene und auch versteckte Signale wahrnehmen und können sich darauf einstellen.

Im Umgang mit Menschen ist Empathie eine Emotion, die einen starken Einfluss auf Beziehungen hat. Sie setzt voraus, dass Sie grundsätzlich eine von Achtung und Respekt getragene geistig-emotionale Einstellung gegenüber allen Menschen haben. Sie kennen sicherlich den Begriff Seelenhygiene. Seelenhygiene verlangt von Ihnen, dass Sie lebensbejahend ausgerichtet sind. Dabei sind Sie willentlich bestrebt, immer wieder die vielen verschiedenen Erfolge in Ihrem Alltag zu erfassen und sich auch an diesen zu erfreuen. Negative Erlebnisse sind die Möglichkeit besonders intensiv zu lernen. Damit entwickeln Sie die Fähigkeit, sich in vergleichbaren Situationen lösungsorientiert zu verhalten.

Beziehungsmanagement

Unser Leben ist ein ständiger Prozess der gegenseitigen Beeinflussung. Die Qualität ist abhängig von unserer Persönlichkeit und den von uns gelebten Werten. Ein weiterer

Schwerpunkt besteht in unserer Fähigkeit mit den Gefühlen anderer Menschen umzugehen. In unserem beruflichen Umfeld verlangt dies, unseren Kollegen und Vorgesetzten Achtung und Respekt zu zeigen. Ein erfolgreiches Beziehungsmanagement verlangt auch in schwierigen Situationen Professionalität, sowie ein kontrolliertes, sicheres und verbindliches Auftreten.

Zeigen Sie die Bereitschaft, Andere in ihrem Streben nach Erfolg zu unterstützten. Leben Sie ein solches gekonntes und kontrolliertes Verhalten. Treten Sie situativ als Vorbild auf. Damit schaffen Sie sich ein positives Image. Ein solches Beziehungsmanagement bewirkt in Ihrem Umfeld, dass Ihre Meinung gefragt ist. Automatisch werden Sie in Ihrem, persönlichen Bestreben nach Erfolg unterstützt.

Emotionale Intelligenz ist die Fähigkeit, Emotionen in Mimik, Gestik, Körperhaltung und Stimme wahrzunehmen und sie auch deuten zu können. Bedenken Sie, dass Ihr emotionales Verhalten immer entsprechende Reaktionen bei Ihren Gesprächspartnern auslösen werden. Das heißt: wenn Sie in sich Zweifel aufkommen lassen, werden diese von der anderen Seite direkt oder indirekt wahrgenommen und nehmen Einfluss auf deren Entscheidung. Sicher, ehrlich und überzeugend aufzutreten ist die Grundlage für kontinuierliche Erfolge.

Emotionale Intelligenz im Leadership

Die im Change-Management bewusst gelebte Kompetenzerweiterung und Übertragung von Verantwortungsbereichen auf Mitarbeiter setzt eine veränderte Führung voraus. Emotionale Intelligenz ist die Basis einer Führungskompetenz des Leaders im Vergleich zum Manager. Ein Leader vertraut seinen Mitarbeitern, unterstützt Ihre Kompetenzen und erkennt Ihre Motivatoren. Empathie, Erkennen von Emotionen und Steuerung der positiven Energie sind Bestandteile seines Handelns und prägen seinen Führungsstil.

12 Die morphischen Felder

Kein von Emotionen getragener Gedanke geht verloren. Er wird sich mit identischen Mentalkräften anderer Menschen vereinen und wird mächtiger.

Wenn wir von „morphischen Feldern“ sprechen, dann sind dies Zentren, in denen das Gedankengut und mit ihm die Gefühle vieler einzelner Menschen, aber auch Gruppen, vereint werden. Alle Personen, die eine positive Einstellung zur Arbeit haben und in ihrem Wirken an ihren Arbeitsplätzen eine Selbstverwirklichung empfinden, vereinen sich mit ihren Gedanken in einem morphischen Feld aller jener Menschen, die vergleichbar denken und fühlen. Eine andere Gedankenqualität wird sich ebenfalls bündeln, wenn Menschen grundsätzlich negativ über andere reden. Somit bilden sich morphische Felder, die sich als Sammelbecken für andere Menschen mit ähnlichen Gedanken anbieten.

Wir Menschen produzieren innerhalb von 24 Stunden circa 60.000 bis 80.000 Gedanken. Diese Mentalkräfte können sehr unterschiedlich ausgerichtet sein. Ich kann mich mit einem Arbeitsprozess auseinandersetzen oder aber über ein ernstes Gespräch mit einem Freund nachdenken.

Über unseren Verstand, über unsere Vernunft und über unser Wollen entscheiden wir, welche Gedanken wir entwickeln und welche morphischen Felder wir speisen bzw. mit denen wir uns vernetzen.

Morphische Felder sind Sammelbecken vergleichbarer Gedanken.

Ein morphisches Feld wird von den Gedanken genährt, die es bereits enthält. Es beinhaltet sowohl positive als auch negative

Aspekte eines Themas. Wenn wir bestimmte Gedanken entwickeln und diese permanent zulassen, verbinden wir uns mit dem entsprechenden morphischen Feld. In dem Moment der mentalen Vernetzung entsteht für uns ein morphogenetisches Feld. Das bedeutet: Das morphische Feld erhält durch unsere Gedanken Energie und beginnt zu schwingen. Es kommt von einem passiven in einen aktiven Zustand und beginnt auf uns einzuwirken. Den passiven Zustand bezeichnen wir als morphisches Feld, den aktiven Zustand als morphogenetisches Feld.

> *Nach dem Prinzip „Gleich und Gleich gesellt sich gern" werden diejenigen Gedanken zur Verwirklichung drängen, die mit dem positiven oder negativen Feldinhalt in Einklang stehen.*

Angenommen ein Außendienstmitarbeiter, der seinen Beruf seit fünf Jahren mit Fleiß ausübt, ist aufgrund wenig positiver Kundenerfahrungen sehr negativ zu seiner Arbeit eingestellt. Nach seiner Auffassung ist der Markt schwierig, die Konkurrenz groß und die Kunden oft nicht ehrlich. Aussagen wie: „Das Lager ist voll!", „Ihre Preise sind zu hoch!", „Ihre Produkte haben ein negatives Image!", empfindet er als unangebracht. Bei Tagungen findet er Kollegen, die ähnlich denken wie er und fast ausschließlich negativ kommunizieren.

Aufgrund seiner generellen Einstellung zu seinem Beruf und der immer wieder kehrenden Ablehnung der Kunden verbindet er sich mit den Mächten des entsprechenden morphischen Feldes. Aus dem passiven morphischen Feld wird ein aktives morphogenetisches Feld, das jetzt einen starken Einfluss ausübt. Interessant ist, dass immer mehr Kunden diesem Außendienstler ein ablehnendes Verhalten entgegenbringen. Dadurch fühlt er sich in seiner negativen Einstellung bestätigt. Wenn dieser Mensch seine Geisteshaltung nicht grundlegend ändert, hat er einen sehr schweren beruflichen Weg vor sich.

Dieses „Rechtbehalten" ist ein gefährlicher Moment. Die Auswirkungen sind ein selbst gewähltes Schicksal. Das Bewusstsein für die eigenverantwortlich negative Entwicklung fehlt gänzlich.

Ein anderer Außendienstmitarbeiter liebt seinen Beruf. Er spricht ausschließlich positiv über seine Arbeit. Konflikte mit Vorgesetzten, Kollegen und schwierigen Kunden sieht er als Chance zu lernen, Erfahrungen zu sammeln und sich weiterzuentwickeln. Er betreibt eine lösungsorientierte Kommunikation und spricht immer mindestens zwei positive Aspekte an. Er verbindet sich ebenfalls mit einem morphischen Feld. Dieses wird aufgrund seiner sehr positiven Berufseinstellung zu einem morphogenetischen Feld, das in diesem Fall zu einer Energiequelle wird. Die Folge ist, dass in seinem Verantwortungsbereich eine gute Stimmung herrscht, das gesamte Team offen miteinander kommuniziert und dem Kunden Offenheit und kreative Impulse entgegengebracht werden.

Jeder Mensch hat sein eigenes morphogenetisches Feld. Unser Lebensweg ist oft kompliziert, aber andererseits auch einfach. Entscheidend ist, wie wir an unsere Lebensaufgabe herangehen. Sind wir bereit, Herausforderungen und Veränderungen als einen Lernprozess anzunehmen? Es ist immer wieder wichtig, analytische Denkprozesse über das eigene Leben anzustellen. Welche Einstellung habe ich zu meiner Arbeit, zu anderen Menschen und zu meinem Leben? Warum erhalte ich in meinem Berufsbereich so wenig Akzeptanz?

Wenn wir uns diese und ähnliche Fragen stellen, entwickeln wir ein verändertes Bewusstsein für unsere Existenz.

Das Thema morphische Felder ist für uns eine sehr spannende und wichtige Gegebenheit. Morphische Felder existieren und sind sowohl von positiven Geisteskräften als auch von negativen Gedanken gespeist. Ein morphisches Feld ist grundsätzlich passiv. Erst wenn wir uns aufgrund unserer persönlichen geistig-emotionalen Haltung mit den entsprechenden Aspekten eines Feldes verbinden, entsteht für uns ein aktives Feld. Unter aktiv verstehen wir, dass eine Rückkopplung entsteht und diese unsere Denkweise stärkt.

> *Wenn ein Mensch entschlossen an sich arbeitet, wird er sich tiefgreifend bewusst, dass er ein einmaliges und von der Schöpfung getragenes Individuum ist. Dadurch wird er seine Persönlichkeit stärken und ein von Freude und Erfolg getragenes Leben führen.*

Wir gehen in eine veränderte, lebensbejahende Resonanz und werden die Dinge anziehen, die wir möglicherweise in der Vergangenheit vermisst haben und die uns jetzt Energie schenken. Viele unserer Wünsche und Träume werden sich erfüllen.

13 Mentalkräfte

Die Produktion von Gedanken, also von mentalen Kräften, findet in unserem Gehirn statt. Das Gehirn ist das physische Werkzeug des Denkens. So wie wir unsere Augen gebrauchen um zu sehen, dient uns das Gehirn als das Organ, mit dem wir denken.

Der menschliche Körper findet in seinem Geistesorgan, dem Gehirn, seine Krönung!

13.1 Energiemanagement

Auch dann, wenn wir uns dessen nicht immer bewusst sind, steht dieses Organ mit seiner Fähigkeit, geistige Kräfte zu entwickeln, über allen anderen Organen. Dabei müssen wir uns im Klaren sein, dass der Mensch eine funktionierende Einheit ist, in der ein Organ auf das andere angewiesen ist. Wir wissen, dass Gedanken Energien sind. Es ist unter anderem messbar, dass lebensbejahende Mentalkräfte mehr Energie haben als Gedanken der übertriebenen Selbstkritik, der Zweifel und der Resignation. Gedanken sind Elementale, sind eine feinstoffliche Materie und somit messbar. Im Vergleich zum Atem, der als Sauerstoff unser Leben trägt, gibt es eine Geistenergie, aus dem wir unsere Gedanken formen. Diese Geistenergie ist, gleichgültig wie wir sie umgestalten und in welche Gedankenqualität wir sie verändern, eine von der Schöpfung gegebene Energie.

Unser grobstofflicher Körper besteht aus vielen Zellen, die zu einem funktionierenden Ganzen geordnet sind. Der Ausdruck einer Persönlichkeit ist die Summe ihrer elementaren Kräfte und den daraus erwachsenen Empfindungen und Bildern. Wir Menschen produzieren Gedanken, die Empfindungen auslösen und entsprechende Bilder projizieren.

Oft werden die elementaren Kräfte mit hoher Intensität ausgesandt. Gemeint ist hier, dass Hassgedanken gegenüber einem bestimmten Menschen wesentlich intensiver sind, als das Nachdenken über ein verpasstes Essen. Diese Tatsache ist von großer Bedeutung. Sie können diese Denkprozesse mit dem Bogenschießen vergleichen. Ein Pfeil, über einen straff gespannten Bogen kraftvoll abgeschossen, wird wesentlich mehr Durchschlagskraft haben, als ein Pfeil, der ohne besondere Konzentration in eine Richtung abgeschossen wird.

Je mehr unser Denken vom Wollen und von Entschlossenheit getragen ist, umso beeinflussender werden diese Kräfte ihr Ziel erreichen!

Diese Gesetzmäßigkeit zeigt sich in all unseren Gesprächen und Verhandlungen. Unsere Gedankenqualität hat Einfluss auf unsere Persönlichkeit und unseren Charakter. So wie wir unseren materiellen Körper durch häufige falsche Ernährung schädigen und vergiften können, kann die Reinheit unserer Gedanken einen Einfluss auf unseren Charakter und somit auf unsere Persönlichkeit haben.

Umgekehrt haben wir die wunderbare und erfreuliche Chance, uns zu reinigen und willentlich zum Positiven zu verändern. So wie unser grobstofflicher Körper das Urprinzip in sich trägt, gesund zu sein, haben wir in unserer Seele die Sehnsucht nach dem Vollkommenen. Die Schwierigkeit, die wir Menschen oft haben, besteht darin, dass wir das Gesetz der freien Entscheidung und der Selbstbestimmung nicht im Sinne unseres höheren Selbst nutzen!

13.2 Arbeit ist Selbstverwirklichung

Bei all diesen Prozessen hat Arbeit eine bestimmte Bedeutung. Unser Beruf ist ein Fundament für gelenkte Gedanken. Dabei spielt die emotionale Einstellung zur Tätigkeit eine wichtige Rolle. Unser höheres Selbst ist die vollkommene Instanz, die das Bestreben hat, ein Leben im Glück, Freude, Erfolg, Anerkennung und Gesundheit zu führen. Je nach Qualität unseres Denkens und Wollens sind wir auch offen für die Gedanken anderer Menschen. Bewusst oder unbewusst registrieren wir die geistigen Kräfte jener Menschen, die zu uns passen.

Je nachdem, welche Persönlichkeit wir sind und welche Denkprinzipien wir leben, haben wir in uns ein entsprechendes morphisches Feld für die Gedanken anderer Menschen. Auch erhalten wir den Zugang zu einer entsprechenden Geisteswelt. Welche Gedankenkräfte wir von anderen Menschen aufnehmen, ist abhängig vom eigenen Denken und unseren Werten, die für uns wichtig sind.

Ein wichtiger Punkt ist unsere Einstellung zu unserer Arbeit. Alles was wir gerne leisten, wird uns leichtfallen, wird qualitativ hochwertig sein und andere spüren unsere Freude an dem, was wir tun. Willentliche Pflichterfüllung gegenüber einer übernommenen Arbeit wird zu schönen und motivierenden Gefühlen führen.

> *Aus all den beschriebenen Gesetzen heraus ist Erfolg oder Misserfolg kein Zufall.*

Misserfolge sind für sehr viele Menschen Niederlagen. Wenn wir bereit sind, ein solches Ereignis zu akzeptieren, haben wir einen wertvollen Zugewinn. Dann trifft der Satz zu: „Misserfolge sind wie Freunde. Wir können viel von ihnen lernen."

Wer nicht bereit ist, Misserfolge anzunehmen und zu akzeptieren, wird auch nicht die Kraft und Fähigkeit besitzen, wirklich erfolgreich zu sein.

Häufig begegnen uns im Beruf Geschäftspartner, die Ausreden gebrauchen:

- „Die Firmen haben kein Geld."
- „Die Lager sind überfüllt."
- „Der Abverkauf ist schleppend."
- „Das erlaubte Budget ist verbraucht."
- „Wir haben kein Interesse."

Diese und ähnliche Ausreden dienen als Alibi für fehlende Leistung und verhindern positive Veränderung. Obwohl alle Außendienstmitarbeiter die gleichen Bedingungen vorfinden, liegen sehr unterschiedliche Ergebnisse vor.

> *Es ist das Recht der Schwachen, immer wieder zu behaupten, die anderen und die vorhandenen Gegebenheiten sind schuld für die geringen Erfolge!*

Gedanken sind Gehirnströme, die sich mit Hilfe eines EEG messen lassen. Nach neusten Erfahrungen sind Mentalkräfte nicht nur Energie, sondern sie haben auch den Charakter von Wellen. Wir wissen, dass sich diese energetischen Kräfte nur dort festsetzen, wo sie die vergleichbaren Voraussetzungen finden. Die hier genannten Voraussetzungen sind ungeschriebene Gesetze. Dass sich Gedanken so verhalten, lässt sich leicht erklären. Jeder Mensch befindet sich in seiner eigenen Schwingung. Diese ist bei einer hoch entwickelten Persönlichkeit grundsätzlich anders als z. B. bei einem Menschen, der eher ein devotes Verhalten zeigt. Diese geistig-seelischen Frequenzen haben in unserem Leben eine große Bedeutung. Denn gleichgültig ob in Verhandlungen oder in Gesprächen zwischen

Kunden und Kollegen, die zwischenmenschliche Beziehung ist von den Schwingungen der einzelnen Personen abhängig.

Angenommen, Sie gehen in eine Verhandlung und sind positiv gestimmt, wissen genau was Sie wollen und sind überzeugt, die Verhandlung erfolgreich abzuschließen. Ihr Gesprächspartner ist jedoch in einer völlig anderen Situation. Er ist in diesem Gespräch auf Ihr Wohlwollen angewiesen. Das heißt, seine Schwingungen sind deutlich schwächer. Diese Tatsache bewirkt, dass seine Gedanken und Ihre Gedanken nicht zueinander finden. Erst dann, wenn Sie sich Ihrem Gesprächspartner anpassen und ihm mit viel Achtung und Respekt begegnen und er Ihre positive Schwingung zulässt, entsteht eine gemeinsame Basis. Nun sind mentale Gemeinschaftsprozesse möglich. Jetzt finden nicht nur über das Gespräch, sondern auch über Emotionen Vernetzungen statt. Diese Prozesse finden permanent in der Arbeitswelt statt.

13.3 Die Fähigkeit, imaginär zu denken

Die imaginäre Kraft ist die Fähigkeit eines Menschen, sich geistig-emotional eine Situation jetzt und heute so vorzustellen, wie sie zu einem späteren Zeitpunkt sein soll. Die im Voraus gedachte Vollendung eines Prozesses, einer Aufgabe oder auch eines Wunsches ist das Gesetz der imaginären Kraft. Es ist ein Visualisierungsprozess.

Entscheidend ist, diesen Prozess des imaginären Denkens so zu vollenden, dass er genau dem entspricht was sein soll!

- Für jeden Menschen herrscht das Gesetz des selbstgewählten Schicksals!
- Als Vertriebler sollten Sie jetzt prüfen, welche Gesetze die Ihren sind.

- Um wie viel Prozent wollen Sie Ihren Umsatz steigern?
- Wie viele neue Kunden wollen Sie gewinnen?
- Welche positive Vorstellung haben Sie von Ihren Gesprächserfolgen?
- Wie erfolgsorientiert sind Sie generell?

13.4 Visionen – die Realität der Zukunft

Eine Vision ist eine auf die Zukunft gerichtete konkretisierte Vorstellung. Sie ist ein globalisiertes Bild, das wegweisend für alle Personen ist, die mit dieser Vision zu tun haben. Ein Unternehmen, das unabhängig von seiner Größe keine Vision hat, gilt als rückständig. Es ist wichtig, dass die verantwortlichen Manager eines Unternehmens eine Vision haben, mit der sich alle identifizieren können. Je klarer und deutlicher das Profil der Vision herausgearbeitet wurde, umso leichter lassen sich alle notwendigen Maßnahmen entwickeln, um die Vision mit ihren Zielen zu realisieren.

Solch eine Vision im Verkauf könnte z. B. wie folgt aussehen:

- In einem bestimmten Produktbereich die Nummer 1 im Markt zu sein.
- Den Entwicklungsbereich für innovative Produkte stärken mit dem Ziel, mit neuen Produkten einen Vorsprung im Markt zu erreichen.
- Das gesamte Personal im Verkauf so zu schulen und zu trainieren, dass sie die besten Experten sind und in Kontakt mit der Kundschaft positiv auffallen.

Die Vision zum Markt bedeutet nicht, in Grenzen zu denken, sondern national und international alle erkennbaren Chancen zu nutzen. Jedes Unternehmen ohne klar definierte Vision braucht sich nicht zu wundern, wenn es eines Tages eine völlig andere Position einnimmt als erwünscht. Eine klar definierte Vision wird jene notwendigen Ziele entwickeln, die als Maßnahmen umgesetzt werden.

Bei jeder Vision ist entscheidend, dass jede Mitarbeiterin und jeder Mitarbeiter im Unternehmen diese Vision kennt.

Eine permanente Kommunikation und entsprechende Informationen sind die Basis, dass im Unternehmen ein einheitliches Denken entsteht und ein gemeinsames Verständnis gelebt wird. Eine Verkaufsabteilung, die keine Zukunftsperspektive hat, wird in ihrem gesamten Verhalten ein Verwalten des Vorhandenen praktizieren. Die fehlende Dynamik einer Vision ist sehr oft der Grund, warum keine positive Entwicklung im Unternehmen festgestellt werden kann. Mit einer herausgearbeiteten Vision werden beim gesamten Personal Vorstellungen, Bilder und Ziele entwickelt. In Verbindung mit der dann gelebten Energie ist die Zukunft positiv vorausgedacht.

13.5 Visualisierungstechniken

Mit dem inneren Auge sehen ist die Möglichkeit, die Tiefe des Lebens wahrzunehmen und zu beeinflussen.

Aus der Geschichte großer Erfindungen wissen wir, dass jene Menschen, die außergewöhnliches im Technischen, im Wissenschaftlichen, im Management oder im Verkaufsbereich entwickelten, bewusst oder unbewusst mit ihrem inneren Auge die Ergebnisse vorausgesehen und dementsprechend gearbeitet haben. Dieses innere Schauen ist eine Fähigkeit des Menschen, sich Dinge so vorzustellen, wie sie in ihrem idealen Zustand aussehen sollen. Der Prozess des inneren Sehens wird von allen Menschen permanent praktiziert. Es fehlt jedoch das Bewusstsein für diese wunderbare Fähigkeit, die uns unendliche Chancen bietet, Wünsche und Ziele zu verwirklichen. Sie haben die Möglichkeit, es in diesem Augenblick auszuprobieren. Bitte entspannen Sie sich, nehmen Sie sich eine Minute Zeit. Entwickeln Sie Ihre persönliche Vorstellung von Ihrer beruflichen Zukunft, so z. B. eine 10-prozentige Umsatzsteigerung und viele weitere positive gewollte Veränderungen.

Visualisierungstechniken besagen, dass wir alle Entwicklungen, Veränderungen, Wünsche und Ziele auf der geistig-seelischen Ebene vordenken und auf diesem Weg auch Probleme lösen können. Angenommen Sie haben ein technisches Problem an einer Konfektionierungsmaschine. Häufige Störungen verursachen eine langsamere Maschinenlaufzeit, damit weniger Effizienz, erhöhte Kosten, weniger Gewinn, bis hin zur negativen Imagebildung für Sie als Verantwortlichem. Wenn Sie jetzt die diversen Abläufe dieser Produktionsstraße durchdenken und immer wieder die Vorstellung haben, wie diese Technologie mit deutlich erhöhter Geschwindigkeit läuft, erfüllen Sie das Prinzip des inneren Schauens. Bei dieser Innenschau werden Sie bald die Stellen erkennen, die Ursache der häufigen Störungen sind. Mit großer Gewissheit werden Sie in den folgenden Tagen die Lösung finden.

Die Energie folgt Ihren Gedanken. Sie werden die Schwierigkeiten durchdringen und Lösungen erkennen.

Der Begriff „fotografisches Gedächtnis" besagt, dass wir bildhaft all das speichern, was für uns von Bedeutung ist. Während die Visualisierungstechnik die mentale Gestaltung des Zukünftigen bedeutet, nutzen wir das fotografische Gedächtnis, Wahrnehmungen aus der Vergangenheit bildhaft nachzuempfinden. Ob Sie selber ein gutes fotografisches Gedächtnis besitzen, erkennen Sie daran, dass Sie bestimmte Gegebenheiten im Nachhinein genau wiedergeben können.

Fragen zum weiteren Nachdenken

Erklären Sie die Bedeutung der drei Bewusstseinsebenen.

Wie oft lassen Sie sich Kraft und Energie rauben?

Was hat imaginäres Denken mit Zielen zu tun?

Welche persönlichen Visionen haben Sie von Ihrer Zukunft?

Was verstehen Sie unter emotionaler Kraft?

Epilog

Volkmar Stangier verstarb am 19. Oktober 2018. Vor allem anderen verband mich mit ihm die Freude, Menschen erfolgreich zu machen und dabei das Glück zu empfinden, dass sie an dem Erlernten wachsen. Austausch mit ihm bedeutete immer, stärker zu werden und bestärkt zu werden. Seine Gedanken und seine Botschaften werden durch die Menschen, die er begleitet hat, weiterleben.

Anke Jost, im Dezember 2018

Literaturverzeichnis

Karsten Oehler
Corporate Performance Management
Mit Business Intelligence Werkzeugen
Hanser Verlag, München, 2006

Volkmar Stangier
Spirituelles Führen und Managen
Die Energie und die Kraft einer gelebten Kultur und Ethik
Expert Verlag, Renningen, 2006

Andreas M. Bruns
Kundenbindung und Verkauf
Verkaufskultur im 21. Jahrhundert – vom Hardselling zur erfolgreichen Kundenpartnerschaft
Expert Verlag, Renningen, 2005

M. Hofmann, S. Recknagel, L. Reisert, F. Michel (Hrsg.)
Stress-Kompass
Strategisches Stress-Management
ManagerSeminare Verlags GmbH, Bonn, 2015

Sachverzeichnis

Die Autoren

Volkmar Stangier

Volkmar Stangier war Unternehmensberater und Journalist. Seit über 25 Jahren trainiert und coacht er Mitarbeiter und Führungskräfte bis in die Vorstandsebene. Seine Arbeit beruht auf vielen Jahren Verkauf auch in leitender Position, vier Jahre Marketing und drei Jahre Controlling.

Dieses Buch resultiert aus vielen Trainings in drei Weltkonzernen und vielen Mittelstandsunternehmen. Sein Ziel ist es, Menschen auf dem Weg zur Selbstbestimmung und inneren Freiheit zu stärken, sowie die Entwicklung des Bewusstseins für Lebensfreude, Entscheidungs- und Konsequenzmanagement zu vertiefen.

Anke Jost

Anke Jost arbeitet seit über 20 Jahren aktiv im Vertrieb. Sie ist Geschäftsführerin in einem Großhandelsunternehmen. Sie hat Erfahrung im Vertriebs-Controlling sowie Betreuung und Gewinnung von Kunden im Bereich Key-Account-Management. Frau Jost hat einen hohen Anspruch an ihr Führungsverhalten, das sie durch ein mehrstufiges Führungskräftetraining, einer Coachingausbildung sowie einer Weiterbildung im Bereich praktische Psychologie ausgebaut hat. Für sie ist Unternehmensführung ein Zusammenspiel aus emotionaler Intelligenz und Leadership.